물리학
마인드맵

MIND MAPS : Physics by Dr. Ben Still

벤 스틸 지음 | 지여울 옮김

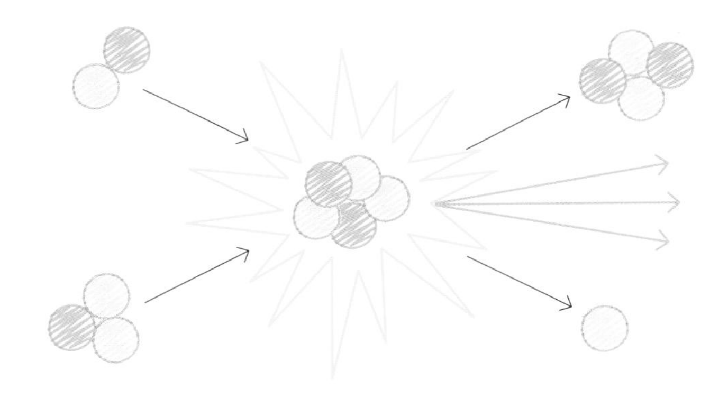

푸른숲주니어

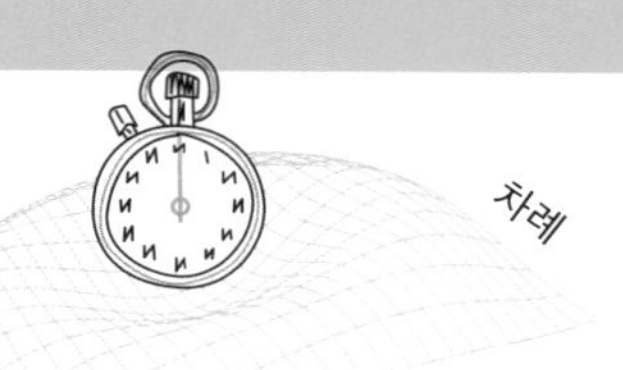

차례

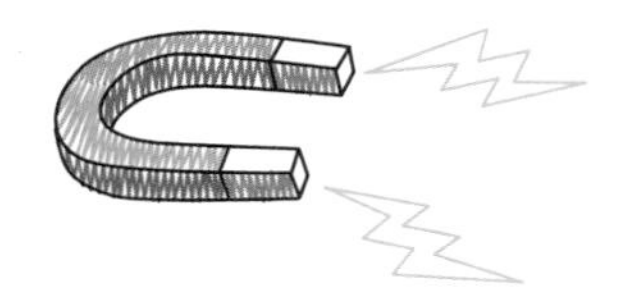

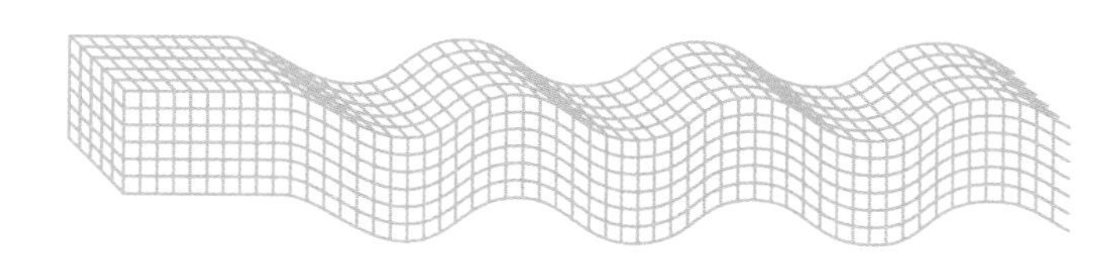

전자기

열역학

현대 물리학

7

천체 물리학

핵심 용어로 만나는 물리학의 세계

물리학은 우리가 살고 있는 우주 전체를 다루는 매우 넓은 범위의 과학 분야다. 아주 작은 원자 세계를 연구하는 입자 물리학에서 거대한 우주를 탐구하는 천체 물리학까지, 그리고 그 사이의 수많은 과학 현상을 다루는 학문이다.

이 책은 물리학이라는 방대한 분야에서 다양한 주제를 추려 내어 일곱 장으로 정리했다. 각각의 주제를 설명하는 데 사용되는 핵심 용어를 정리하고, 그 용어가 품은 개념들이 서로 어떻게 연결되는지를 설명한다. 이 책의 목표는 독자가 일상에서 물리학의 중요성을 발견하고, 물리학의 언어를 익혀 자신 있게 이야기할 수 있도록 돕는 것이다.

고대 문명과 그 당시 사람들이 지금 우리가 사용하는 개념들을 어떻게 마련했는지 살펴보면서 여정을 시작한 뒤, 과거와 미래를 이어 주는 천체 물리학에서 끝맺을 것이다. 그 사이에는 힘과 에너지, 진동과 파동, 전자기 같은 친숙한 주제를 다루고, 열역학을 거쳐 핵 물리학과 양자 역학 등 현대 물리학에까지 이른다. 여러분이 물리학이라는 흥미로운 주제를 계속 탐험할 수 있기를 바란다.

마인드맵으로 물리학의 구조를 파악하다

마인드맵은 특정 분야의 핵심 용어와 그 관계를 구조적으로 보여 주는 시각적 도구다. 이 도구는 용어의 정의를 외우는 것을 넘어, 용어 뒤에 숨은 개념을 깊이 이해하고, 해당 분야의 개념들이 연결되고 발전하는 과정을 파악하는 데 도움을 준다. 각 마인드맵은 개별 주제의 핵심 용어에서 시작하여 차차 다른 개념들로 뻗어 나간다.

이 책에서 소개하는 일곱 개의 마인드맵이 모여 물리학이라는 넓은 분야를 구성하는 중요한 부분이 된다. 각각의 마인드맵은 씨앗이 되어 흥미로운 과학의 각 분야로 싹을 틔울 것이다. 그 싹들은 더 넓은 탐구의 세계로 가지를 뻗게 된다.

이 책에서는 중요한 주제에 집중할 수 있도록 복잡한 가지들은 정리를 했다. 그 덕분에 물리학을 처음 접하는 독자는 핵심 개념에 대한 폭넓은 설명을 즐길 수 있고, 이미 어느 정도 물리학의 세계에 들어선 독자는 복잡한 연결 고리와 개념들을 이해하게 될 것이다.

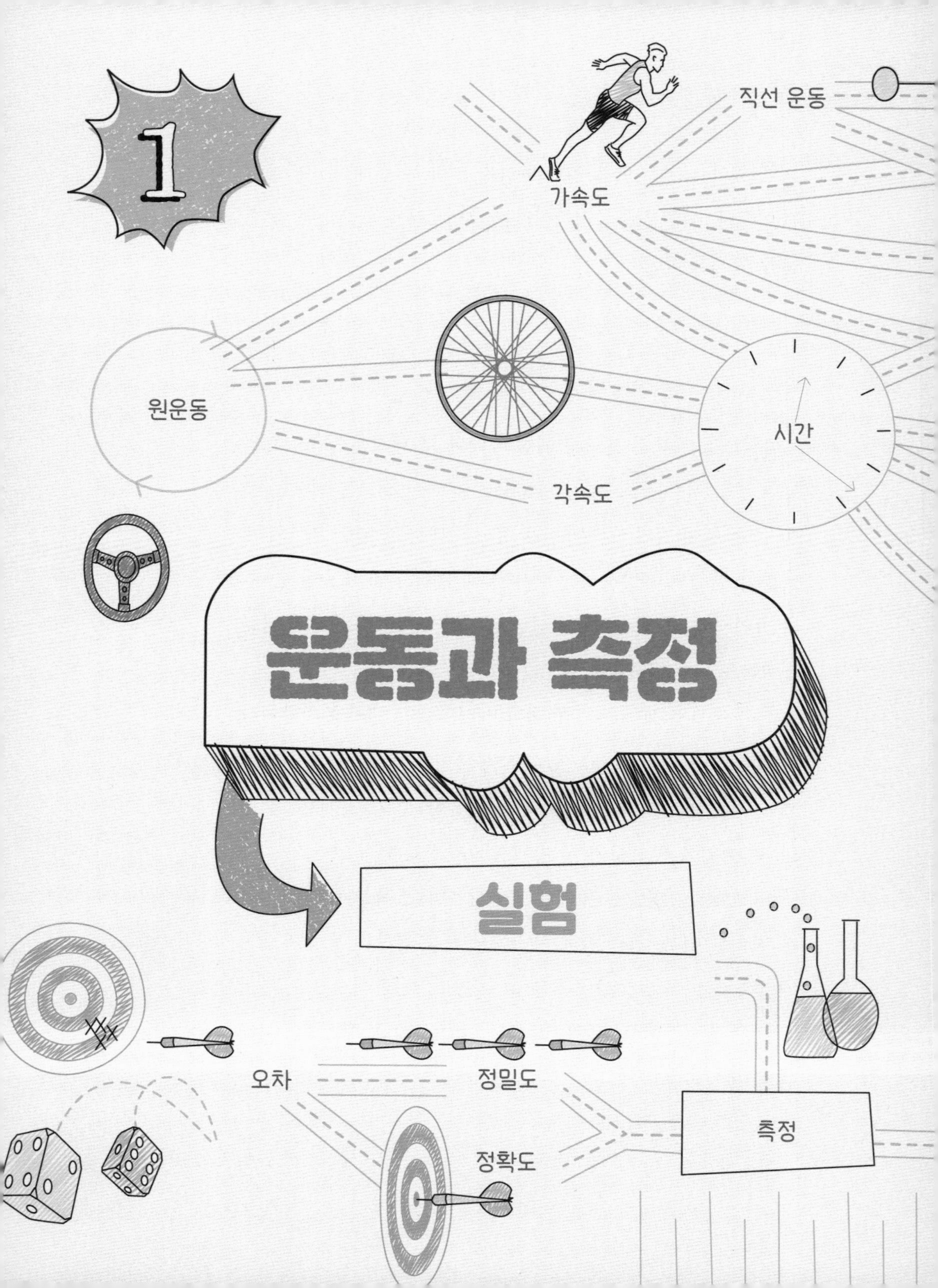
1
직선 운동
가속도
원운동
시간
각속도
운동과 측정
실험
오차
정밀도
정확도
측정

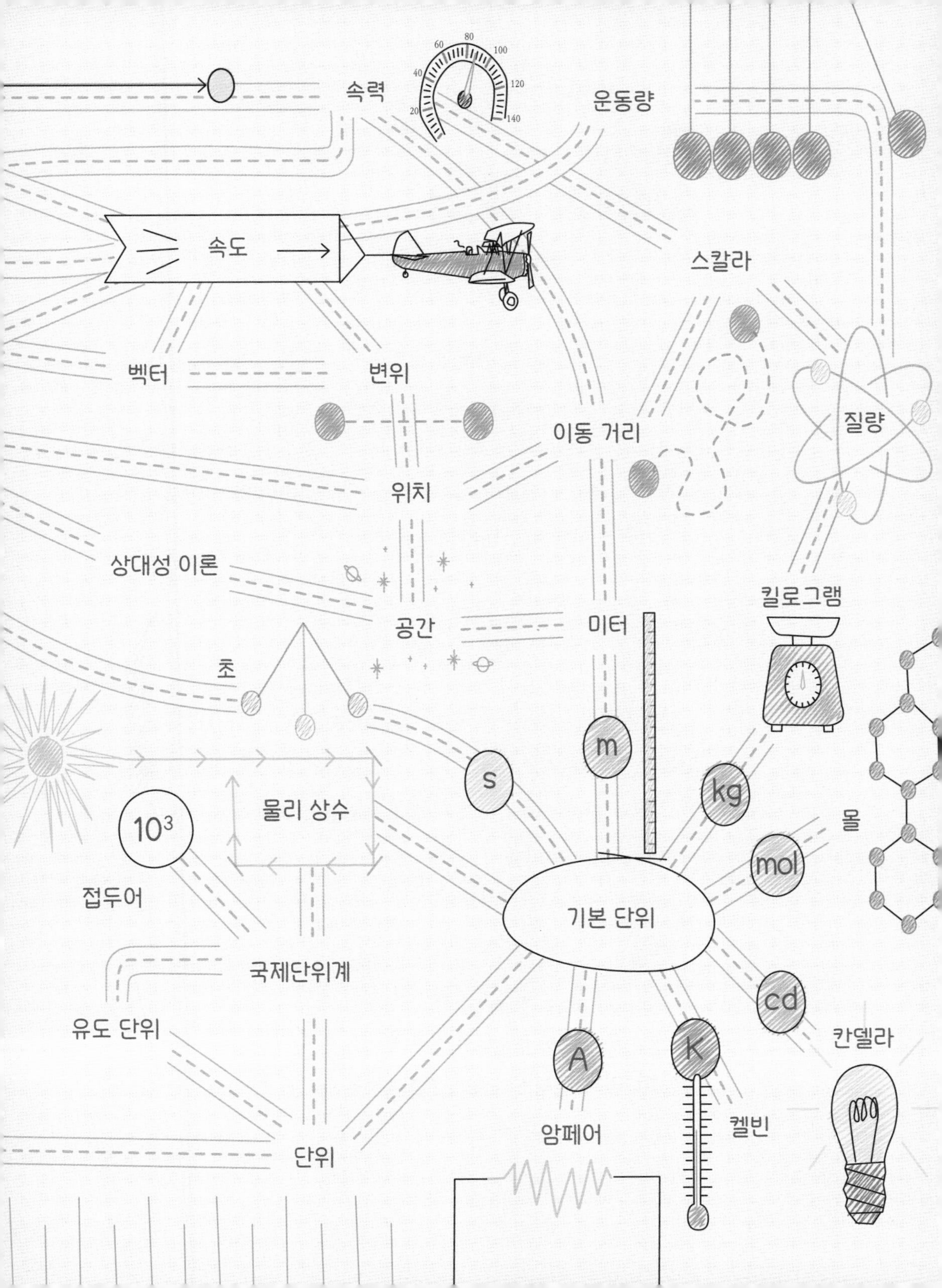

속력
60
80
100
40
120
20
140
운동량
속도
스칼라
벡터
변위
이동 거리
질량
위치
상대성 이론
킬로그램
공간
미터
초
m
s
kg
물리 상수
몰
10^3
mol
접두어
기본 단위
국제단위계
cd
유도 단위
칸델라
A
K
켈빈
암페어
단위

실험과 측정

과학의 주요 목표는 자연을 정확하게 이해하는 것이다. 이를 위해 과학자들은 자연을 자세히 관찰하고, 그 관찰을 바탕으로 논리적인 결론을 끌어내야 한다. 하지만 자연의 세계는 매우 복잡하기 때문에 관찰만으로는 모든 것을 정확히 알기 어렵다. 과학자들은 다른 방법들을 고민하게 되었다.

실험

과학자들은 알고 싶은 특정 상황을 정하고, 그와 관련된 조건들만 선택해 연구한다. 이를 위해 자연의 요소를 변하지 않는 조건과 변하는 조건으로 나누어 복잡한 요소를 단순화한다. 이것이 바로 실험이다.

측정

같은 현상을 보더라도 사람마다 생각이 다를 수 있다. 과학자들은 개인의 의견이 실험 결과에 영향을 주지 않도록 자연에 있는 여러 가지 성질과 양을 측정한다. 여기서 말하는 성질과 양은 거리, 시간, 온도 같은 것이다. 이렇게 측정한 값을 숫자로 표현해 하나의 실험 결과를 다른 실험 결과와 쉽게 비교할 수 있게 한다. 과학자들은 이 측정값을 분석해 규칙이나 패턴을

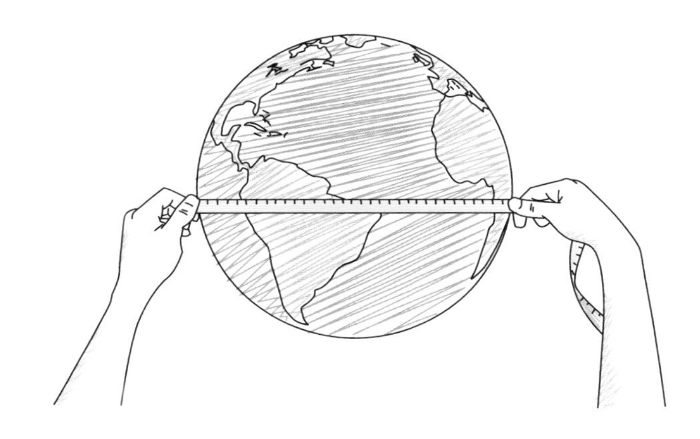

과학의 언어 : 측정

인류는 우리가 사는 세계를 이해하고 설명하기 위해 단위를 만들었다. 거리, 시간 같은 것을 숫자와 단위로 나타내어, 이 세상에서 일어나는 여러 가지 현상을 쉽게 설명한다.

찾아내고, 이 규칙이 다른 상황에서도 잘 맞는지 확인한다. 이런 식으로 측정을 하면, 실험을 수행하는 사람이 누구든 같은 방식으로 자연을 관찰할 수 있게 된다.

정밀도

정밀도는 같은 실험을 여러 번 했을 때, 측정값이 얼마나 비슷하게 나오는지를 알려 주는 값이다. 실험할 때마다 측정값이 거의 비슷하게 나온다면 정밀도가 높다고 한다. 반대로, 측정값이 매번 다르게 나오면 정밀도가 낮다고 한다.

정확도

정확도는 측정한 값이 자연의 참값과 얼마나 가까운지를 나타낸다. 여기서 말하는 참값이란, 측정하려고 하는 물체나 현상의 실제 값을 뜻한다. 만약 두 번의 실험에서 비슷한 측정값이 나왔지만, 그 값들이 참값과 차이가 난다면 정확도가 낮다고 할 수 있다. 이런 경우, 더 많은 실험을 해서 여러 값을 비교해 참값에 더 가까운 값을 찾아야 한다.

정밀도와 정확도

정확도와 정밀도가 모두 높은 경우는 화살을 과녁의 중심에 모두 맞춘 것과 같다. 즉, 측정값들이 참값에 가깝고, 서로 비슷한 위치에 모여 있다.

정밀도는 높지만 정확도가 낮은 경우는 화살들이 같은 위치에 모여 있지만, 과녁의 중심에서 벗어나 있는 상황이다. 즉, 측정값들이 서로 비슷하지만 참값과는 차이가 있다.

정확도는 높지만 정밀도가 낮은 경우는 화살들이 과녁의 중심에 가깝지만, 여기저기 흩어져 있는 상황이다. 즉, 측정값이 참값에 가까우나 서로 많이 다르다.

정확도와 정밀도가 모두 낮은 경우는 화살들이 과녁의 중심에서 멀리 떨어져 있고, 서로 다른 곳에 흩어져 있는 상황이다. 즉, 측정값이 참값과도 멀고 서로 비슷하지도 않다.

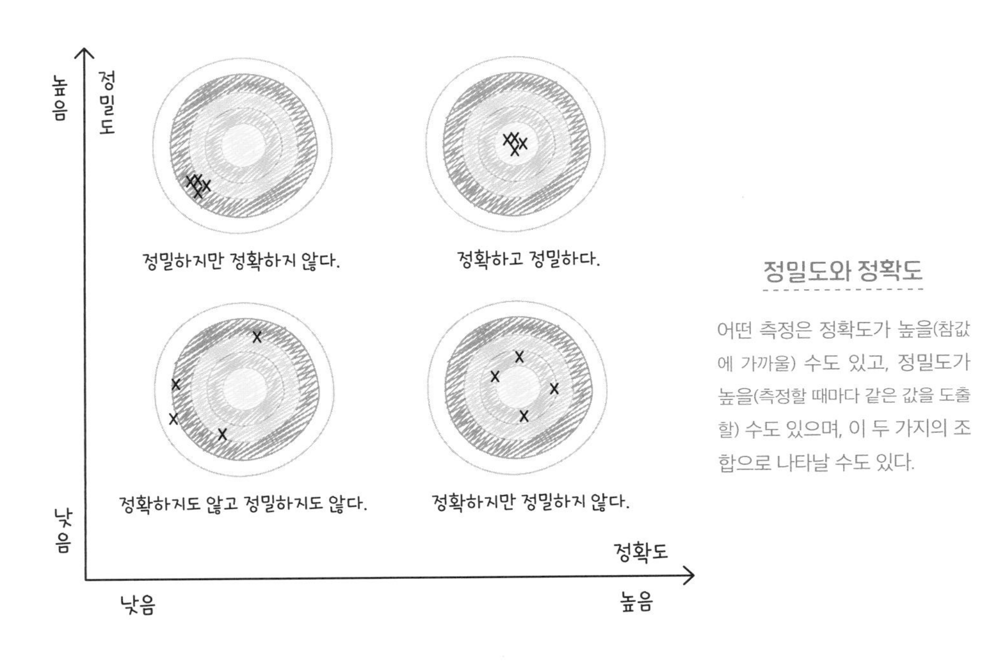

정밀도와 정확도

어떤 측정은 정확도가 높을(참값에 가까울) 수도 있고, 정밀도가 높을(측정할 때마다 같은 값을 도출할) 수도 있으며, 이 두 가지의 조합으로 나타날 수도 있다.

오차

오차는 측정이 얼마나 정확하지 않은지를 숫자로 나타낸 것이다. 무언가를 완벽하게 이해하는 것은 불가능하다. 이것은 자연의 기본 법칙이기도 하다. 항상 어느 정도의 부정확함과 불완전함이 있을 수밖에 없다. 그래서 측정값을 믿을 만하게 하려면, 오히려 우리가 측정한 값이 얼마만큼 부정확한지 솔직히 인정해야 한다.

단위

측정값을 다른 사람에게 정확하게 전달하려면, 숫자에 단위가 필요하다. 단위는 그 숫자가 실제로 무엇을 의미하는지 알려 준다. 예를 들어, 누군가 "2분!"이라고 말하면, 우리는 2분이 얼마나 긴 시간인지 알 수 있다. 왜냐하면 '분'이라는 단위가 무엇인지, 그리고 1분이 얼마나 지속되는 시간인지 알고 있기 때문이다.

숫자와 단위, 그리고 오차

물리학자가 측정값을 제시할 때는 세 가지 요소가 필요하다. 첫 번째는 숫자다. 이 숫자가 측정값의 크기를 나타낸다. 두 번째는 오차다. 오차는 이 값이 얼마나 틀릴 수 있는지를 보여 준다. 오차는 보통 ± 기호로 나타낸다. 마지막으로 단위다. 단위는 앞에 있는 숫자가 무엇을 의미하는지 설명해 준다. 예를 들어, "내 키는 1.82m이고, 오차는 ±0.01m다."라는 말은, 남자의 실제 키가 1.81m에서 1.83m 사이일 것이라는 뜻이다.

단위

각각의 문화권에서는 자신이 살고 있는 세계를 측정하기 위해 서로 다른 단위를 사용한다. 예를 들어, 미국에서는 사람의 키를 측정할 때 피트와 인치를 사용하고, 유럽에서는 미터와 센티미터를 주로 사용한다.

이렇게 단위가 다르면 혼란스러울 수 있기 때문에, 과학자들은 국제적으로 통용되는 단위 체계를 만들었다. 이 체계를 국제단위계라고 부른다.

물리 상수

국제단위계는 미터법을 바탕으로 시작되었지만, 그 후로도 계속 발전해 왔다. 2019년에는 과학자들이 모든 물리량을 정의할 때 몇 가지 물리 상수에 기반을 두기로 했다. 물리 상수란 시간이 지나도 변하지 않고, 어디에서나 같은 값을 가지는 숫자를 말한다. 우주에서도 마찬가지다. 진공 상태에서 빛의 속도는 물리 상수의 좋은 예다. 빛의 속도는 언제, 어디서 측정해도 변하지 않는다.

기본 단위

우주에서 측정할 수 있는 모든 양에는 하나 또는 그 이상의 기본 단위가 있다. 국제단위계에서는 일곱 가지 기본 단위를 정해 두었다. 각각의 단위는 특정 기호로 표시된다. 예를 들어, 미터는 m, 초는 s, 킬로그램은 kg, 몰은 mol, 칸델라는 cd, 켈빈은 K, 암페어는 A로 표시한다.

국제단위계

각 기본 단위는 자연과 우주의 기본적인 상수와 관련이 있으며, 서로 연결되어 있다. 처음에 프랑스어로 표준 단위가 정해졌기 때문에, 국제 단위계를 프랑스어 'Système International'의 약자인 SI 단위계라고도 부른다.

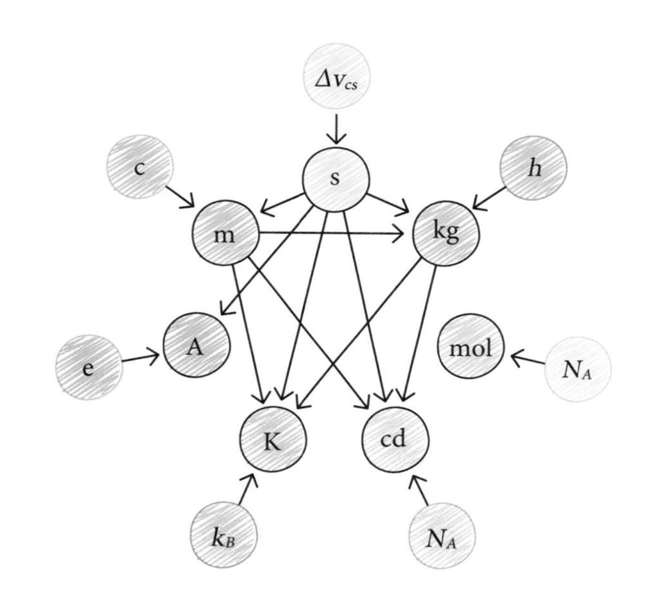

유도 단위

기본 단위를 조합해서 만든 단위를 유도 단위라고 한다. 유도 단위는 숫자가 너무 크거나 작을 때, 그 값을 더 쉽게 이해하게 돕는다. 모든 표준 단위는 일곱 가지 기본 단위를 조합해서 만든다. 예를 들어, 힘을 나타내는 뉴턴(N)은 킬로그램(kg)과 미터(m)를 곱한 후, 이를 초의 제곱(s^2)으로 나눈 것이다.

기본 단위와 유도 단위

	양	표준 단위	단위 기호	기본 단위
기본 단위	시간	초	s	s
	거리	미터	m	m
	질량	킬로그램	kg	kg
	물질량	몰	mol	mol
	광도	칸델라	cd	cd
	온도	켈빈	K	K
	전류	암페어	A	A
유도 단위	힘	뉴턴	N	$kg \cdot m / s^2$
	에너지	줄	J	$kg \cdot m^2 / s^2$
	압력	파스칼	Pa	$kg / m \cdot s^2$
	전위	볼트	V	$kg \cdot m^2 / s^3 \cdot A$
	전기 저항	옴	Ω	$kg \cdot m^2 / s^3 \cdot A^2$
	진동수	헤르츠	Hz	1 / s
	전력	와트	W	$kg \cdot m^2 / s^3$
	전하	쿨롱	C	$A \cdot s$

접두어

아주 크거나 작은 숫자를 다룰 때는 단위 앞에 접두어를 사용한다. 접두어는 그 숫자가 얼마나 크거나 작은지를 나타낸다. 각각의 접두어는 1,000, 즉 10^3씩 커지거나 작아질 때마다 약식 기호로 표시한다. 예를 들어, '킬로'는 1,000배를 의미하고, '밀리'는 1,000분의 1을 의미한다. 이렇게 하면 0을 많이 쓰지 않고도 숫자를 간편하게 표현할 수 있다. 다만, '센티'는 예외로, 1미터의 100분의 1을 나타내는 센티미터에 사용한다.

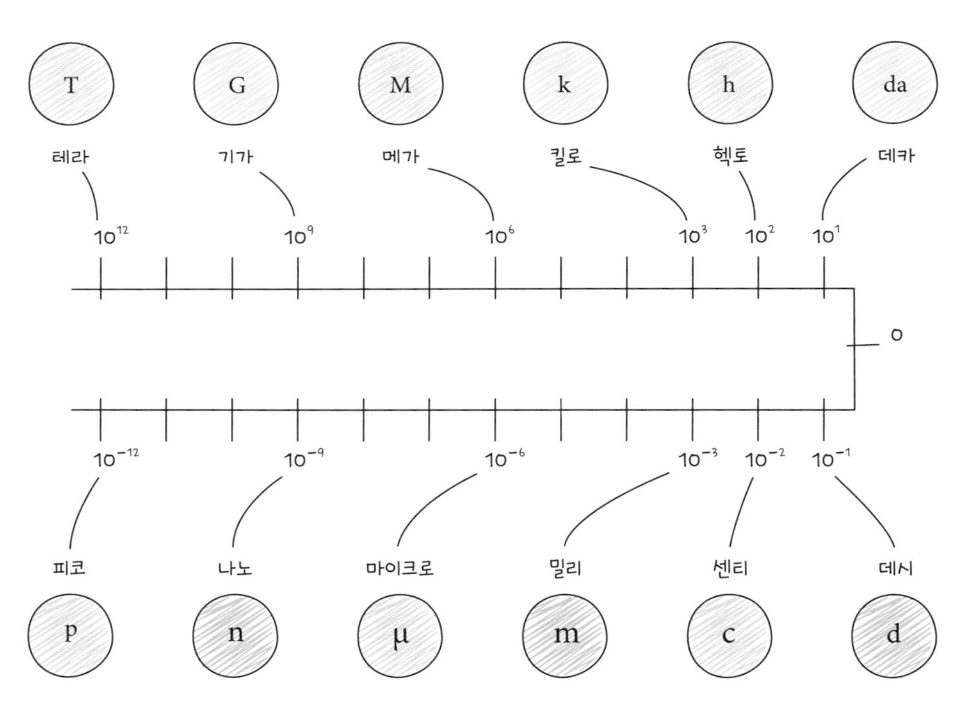

너무 크거나 너무 작은 수

너무 크거나 너무 작은 숫자를 표현할 때는 단위 앞에 접두어를 사용한다. 접두어는 그 숫자에 10의 거듭제곱을 얼마나 곱해야 하는지를 나타낸다.

초

시간의 기본 단위는 초이며, 기호는 s다. 예전에는 1초를 지구가 스스로 한 바퀴 자전하는 시간을 기준으로 정의했지만, 지금은 세슘 원자가 진동하는 데 걸리는 시간을 기준으로 정의한다. 이 시간은 예전의 1초와 정확히 같다.

미터

미터는 공간에서 두 물체 사이의 간격을 측정하는 기본 단위이며, 기호는 m이다. 예전에는 1미터를 적도와 극점을 잇는 선의 길이를 1,000만으로 나눈 값으로 정의했다. 지금은 진공에

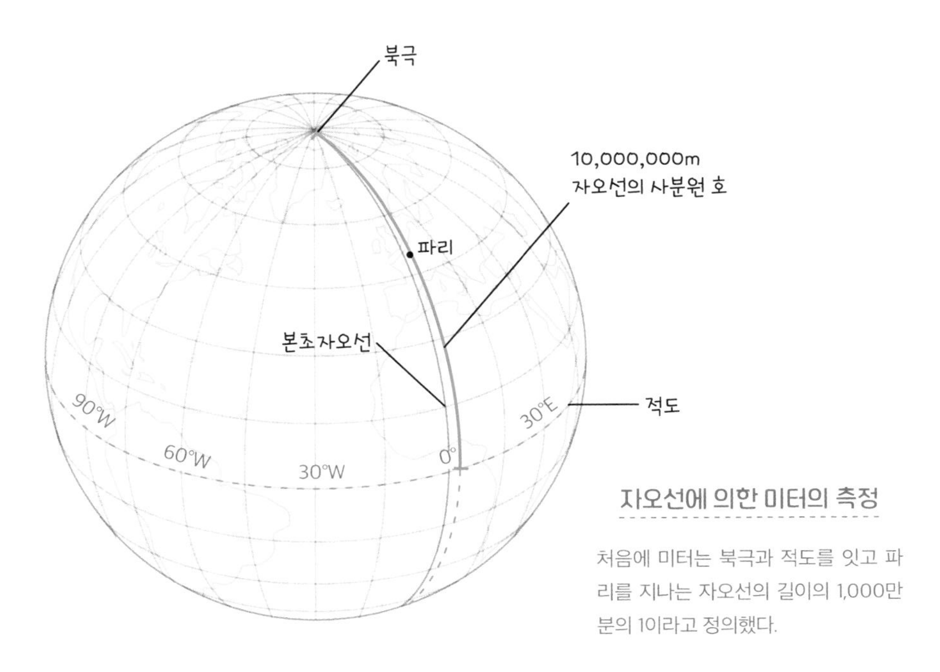

자오선에 의한 미터의 측정

처음에 미터는 북극과 적도를 잇고 파리를 지나는 자오선의 길이의 1,000만 분의 1이라고 정의했다.

서 빛이 299,792,458분의 1초 동안 이동하는 거리로 정의한다.

킬로그램

킬로그램은 질량을 측정하는 기본 단위이며, 기호는 kg이다. 예전에는 1kg을 어는점에 가까운 온도에서 1리터, 즉 0.001세제곱미터에 해당하는 물의 질량으로 정의했다. 그런데 지금은 미터와 초, 플랑크 상수로 정의한다.

여기서 플랑크 상수는 빛과 에너지가 아주 작은 양으로 나누어져 있다는 것을 보여 주는 숫자다. 이 값은 6.62607015×10^{-34}($kg\cdot m^2/s$)로, 이 숫자를 통해 킬로그램을 미터와 초 같은 다른 단위와 정확하게 연결할 수 있다. 이렇게 하면 킬로그램을 더 정확히 정의할 수 있다.

암페어

암페어는 전류를 측정하는 기본 단위이며, 기호는 A다. 이 단위는 프랑스 물리학자 앙드레 마리 앙페르의 이름을 따서 붙여졌다. 예전에는 전류가 흐르는 두 전선 사이에 작용하는 힘으로 암페어를 정의했지만, 지금은 변하지 않는 기본 전하량을 사용하여 정의한다.

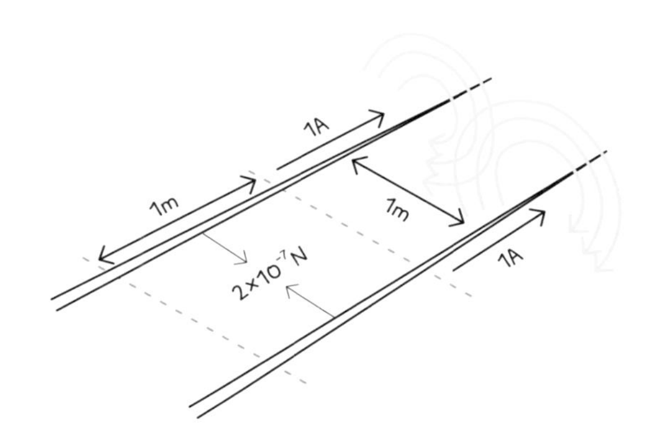

암페어

암페어는 전류를 표기하는 단위로, 예전에는 무한히 긴 전선 두 개가 서로 1m 떨어진 곳에 있을 때 그 사이에 2×10^{-7}N의 힘을 생성하기 위해 필요한 전류량으로 정의했다.

몰

몰은 물질을 구성하는 입자의 개수를 나타내는 기본 단위로, 물질의 양을 계산하거나 비교할 때 사용한다. 기호는 mol이다. 과거에는 1몰을 탄소 0.012kg에 들어 있는 원자 수와 같은 수의 입자가 있는 양으로 정의했다.

지금은 아보가드로수라는 물리 상수를 사용해 정의한다. 현재 1몰은 정확히 6.02214076×10^{23}개의 입자를 포함하는 물질의 양이다.

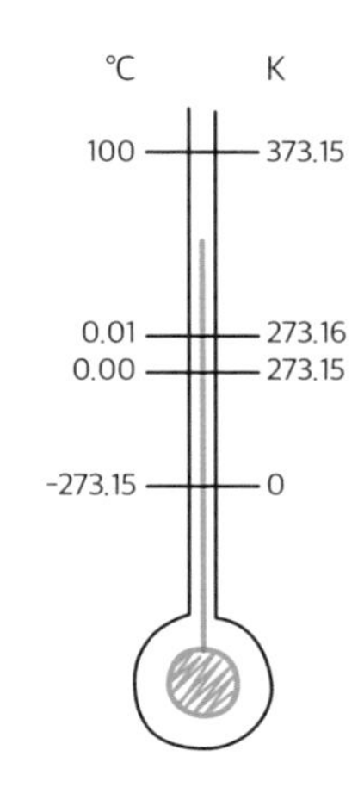

켈빈

켈빈 1K와 섭씨 1℃의 크기는 똑같다. 두 단위의 유일한 차이는 0이 되는 지점이다. 0K는 -273.15℃다.

켈빈

켈빈은 온도를 측정하는 기본 단위이며, 기호는 K이다. 이 단위는 북아일랜드 물리학자인 윌

리엄 톰슨의 작위 이름을 따서 붙여졌다. 예전에는 섭씨(℃)로 온도를 측정했는데, 섭씨는 물의 어는점과 끓는점 사이의 온도 차이를 100등분한 단위다. 자연에서는 -273.15℃라는 매우 낮은 온도가 존재한다는 것이 밝혀졌고, 이 온도를 0으로 설정한 켈빈 단위가 새로 생겼다.

칸델라

칸델라는 빛의 세기를 측정하는 기본 단위이며, 기호는 cd다. 예전에는 양초가 방출하는 빛의 양과 사람이 그 빛에 얼마나 민감하게 반응하는지를 기준으로 정의했다. 오늘날 칸델라는 킬로그램, 미터, 초의 정의와 특정 녹색광의 발광 효율에 따라 정의된다. 이 정의는 조금 복잡하게 들릴 수 있지만, 쉽게 말하면 칸델라는 우리가 보는 빛이 얼마나 밝은지 측정하는 단위다. 광학과 같은 전문 분야에서 주로 사용한다.

칸델라

칸델라는 빛의 세기인 광도를 표기하는 표준 단위로, 특정 파장의 녹색광을 기준으로 측정한다.

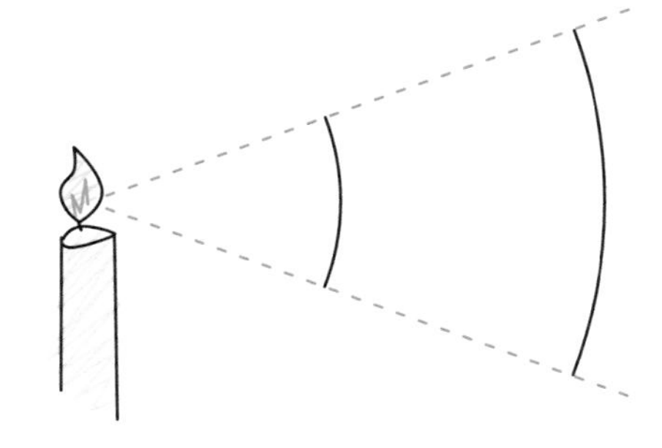

공간

공간은 우주에 있는 모든 것이 존재하고 움직이는 넓은 장소다. 우주가 탄생한 빅뱅 때, 엄청나게 큰 에너지와 함께 공간이 만들어졌다. 공간은 높이, 너비, 길이를 이용해 3차원으로 표현할 수 있다.

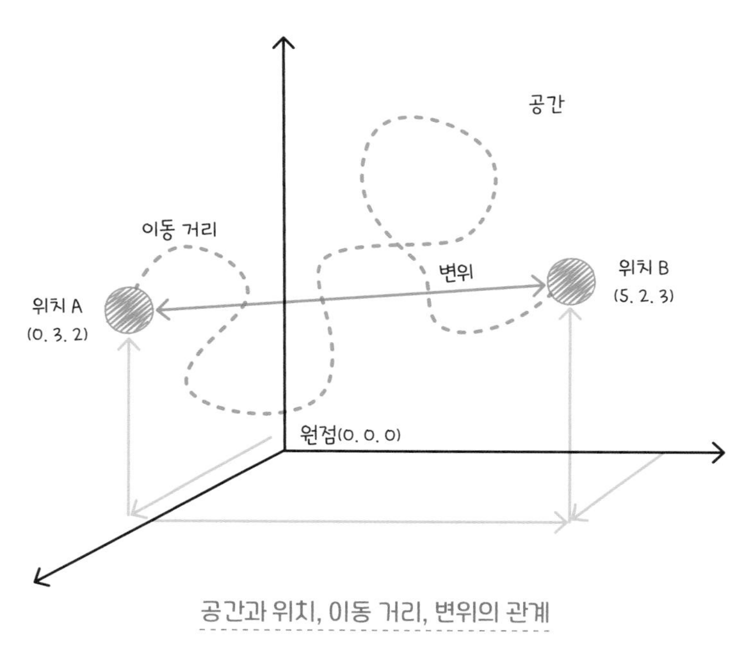

공간과 위치, 이동 거리, 변위의 관계

이 그림은 위치, 이동 거리, 변위의 관계를 보여 준다. 위치는 공간에서 특정 지점을 의미하며, 보통 세 개의 좌표로 정의한다. 이동 거리는 물체가 얼마나 멀리 이동했는지를 나타내는 값으로, 방향과 전혀 상관없다. 반면, 변위는 두 지점 사이의 직선거리와 방향을 의미한다.

위치

어떤 물체의 위치는 그 물체가 공간에서 차지하는 자리를 말한다. 물체의 위치는 보통 기준이 되는 위치에서 세 개의 숫자를 사용해서 3차원으로 표시한다. 기준 위치를 원점이라고 하며, 그 좌표는 0. 0. 0으로 나타낸다.

이동 거리

이동 거리는 물체가 공간에서 얼마나 많이 움직였는지를 나타내는 척도다. 방향과 상관없이 물체가 이동한 전체 길이를 나타낸다. 예를 들어, 자동차가 구불구불한 도로를 따라 움직인 거리는 두 점 사이의 직선거리(변위)보다 길다. 이 때문에 고대 로마인들은 도로를 직선으로 만들어서 이동 거리와 변위의 차이를 줄이려고 했다.

변위

변위는 공간에서 두 위치 사이의 직선거리를 측정하는 척도다. 예를 들어, 물체가 한 위치에서 다른 위치로 이동할 때, 그 두 지점 사이의 직선거리와 방향을 나타낸다. 이동 거리와 달리, 변위는 방향이 중요하다.

스칼라와 벡터

스칼라와 벡터는 물리학에서 기본적인 양이다. 스칼라는 크기만을 가지는 양이고, 벡터는 크기와 함께 방향을 가진다. 이 차이는 물리적 현상을 이해하는 데 중요한 역할을 한다.

스칼라

스칼라는 크기만 있고 방향이 없는 양이다. 거리와 속력은 스칼라다. 예를 들어, 한 물체가 원래 위치에서 50m를 이동했다고 하면, 우리는 그 물체의 새로운 위치를 정확히 알 수 없다. 왜냐하면 원래 위치에서 50m 떨어진 곳은 무수히 많기 때문이다.

스칼라	벡터
시간	위치
질량	속도
온도	가속도
에너지	힘
거리	운동량
속력	각가속도

스칼라와 벡터

스칼라는 오직 크기만을 가지는 물리량이고, 벡터는 크기와 함께 특정 방향도 가지는 물리량이다.

벡터

벡터는 크기뿐만 아니라 방향도 가지고 있다. 변위와 위치, 속도는 벡터다. 예를 들어, 어떤 물체가 원래 위치에서 50m 북쪽으로 이동했다고 하면, 우리는 그 물체의 새로운 위치를 정확히 알 수 있다.

시간

시간은 공간에 있는 물체가 변화할 수 있게 만든다. 상대성 이론에 따르면, 시간과 공간은 따로 떨어진 것이 아니라 서로 연결되어 있는 4차원 구조의 일부다. 시간은 스칼라다. 시간은 한 방향으로만 흐르기 때문에 방향은 의미가 없고, 오직 크기만을 가진다.

속력

물체가 일정한 거리를 얼마나 빠르게 이동하는지를 나타내는 척도다. 여기서 '빠르기'란 1초마다 위치가 얼마나 변하는지를 의미한다. 속력은 거리를 이동하는 데 걸린 시간으로 나누어 계산한다.

속력은 물체가 이동한 방향에 대한 정보가 없는 스칼라다. 예를 들어, 어떤 물체가 1초에 20m 속력으로 이동한다면, 1초 후에는 처음 시점에서 20m 떨어진 지점에 있을 것이다. 하지만 물체가 이동한 위치는 정확히 알 수 없다. 그저 시작 지점에서 20m 떨어진 어느 곳에 있을 것이라는 사실만 알 수 있다.

속도

속도는 특정 방향으로 물체가 얼마나 빠르게 이동하는지를 나타낸다. 이는 물체의 변위를 이동하는 데 걸린 시간으로 나누어 계산한다. 크기와 방향에 대한 정보를 모두 포함하는 벡터다. 예를 들어, 어떤 물체가 1초에 20m씩 동쪽으로 이동한다면, 우리는 1초 후나 2초 후, 또는 더 많은 시간이 지난 후에도 그 물체가 정확히 어디에 있을지 알 수 있다.

운동량

운동량은 물체의 속도와 질량을 곱한 값이다. 운동량은 여러 상황에서 보존되는 중요한 양 중 하나다. 예를 들어, 두 물체가 충돌할 때, 충돌 전의 두 물체의 운동량의 합은 충돌 후에도 변하지 않는다. 충돌 후 두 물체의 속도는 달라질 수 있지만, 전체 운동량의 합은 변하지 않는다. 이 원리는 천체 움직임 연구부터 원자 속 입자 측정까지 다양한 물리학 분야에서 중요하게 사용된다.

가속도

가속도는 물체의 속도가 얼마나 빨리 변하는지를 나타낸다. 물체의 방향이나 속도가 변하는 것은 가속도가 작용한 결과다. 가속도는 속도의 변화량을 그 변화가 일어난 시간으로 나누어 계산한다. 속도가 빠르게 변하면 가속도가 크고, 속도가 천천히 변하면 가속도가 작다.

직선 운동

직선 운동은 물체가 직선으로 움직이는 운동을 말한다. 가속도의 작용 방향이 물체의 움직이는 방향과 같으면 속도는 빨라지지만 방향은 변하지 않는다. 예를 들어, 자동차가 직선 도로에서 달릴 때 가속하면 속도는 빨라지지만 방향은 그대로다. 이것이 직선 운동의 특징이다.

원운동

원운동은 물체가 원형 경로를 따라 움직이는 운동이다. 이 때 원형 경로를 유지하려면 가속도가 필요하다. 속력은 일정하지만, 방향이 계속 바뀌므로 속도는 끊임없이 변한다. 원운동에서는 이동 거리 대신 각도와 각속도를 사용해 운동을 설명한다.

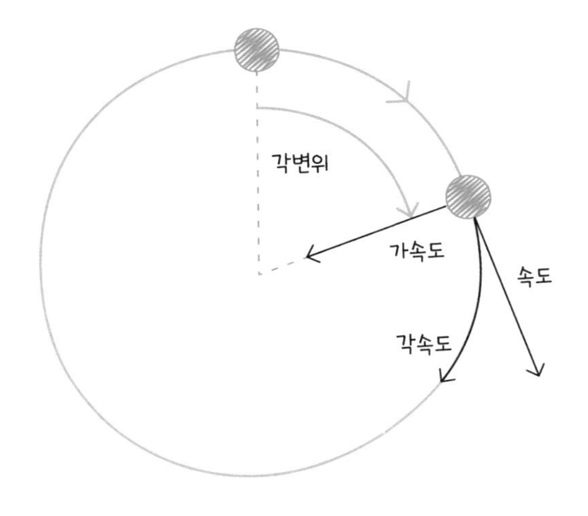

원운동

원운동은 속력이 일정하지만 방향이 계속 바뀌는 운동이다. 위치 변화가 각도로 나타난다.

각속도

물체가 축을 따라 움직일 때, 일정한 시간 동안 얼마나 회전했는지를 나타내는 속도다. 쉽게 말해, 물체가 원을 얼마나 빠르게 도는지를 의미한다. 시계의 초침이 1초에 6° 움직이면, 그 초침의 각속도는 1초에 6°다.

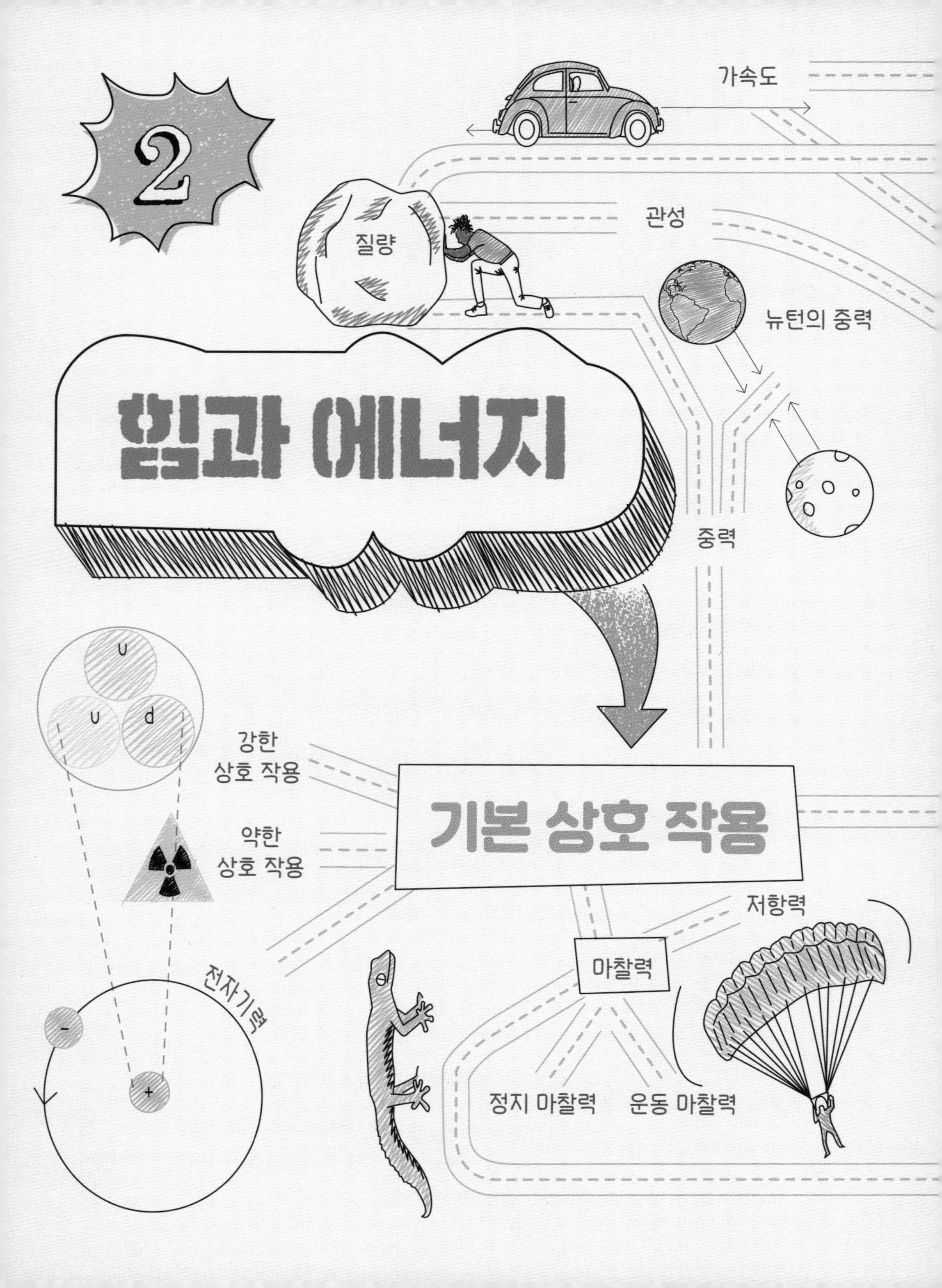
2
힘과 에너지
가속도
관성
질량
뉴턴의 중력
중력
기본 상호 작용
강한
상호 작용
약한
상호 작용
u
u
d
전자기력
저항력
마찰력
정지 마찰력
운동 마찰력

속도
운동 에너지
보존
저장
운동량
Energy
에너지
충격량
뉴턴
1643–1727
1
2
3
뉴턴 제1법칙
뉴턴 제2법칙
전환
일
동역학
뉴턴 제3법칙
힘
위치 에너지
장의 세기
장
돌림힘
역선
+
–
수직 항력

기본 상호 작용

우주에서 일어나는 모든 일을 설명하는 네 가지 기본 상호 작용은 전자기력, 강한 상호 작용, 약한 상호 작용, 그리고 중력이다. 이 힘들을 '기본'이라고 부르는 이유는, 이들이 어떻게 작용하는지 더 자세히 설명할 수 없기 때문이다.

물체는 각자 가진 성질에 따라 서로 영향을 주고받는다. 예를 들어, 질량이 있는 물체는 중력으로, 전하가 있는 물체는 전자기력으로 다른 물체와 상호 작용한다. 이 네 가지 힘은 실험으로 밝혀졌으며, 이 힘들이 서로 연결되어 있다는 이론도 있다.

힘

힘은 두 물체 사이에서 작용하는 상호 작용의 한 종류다. 힘은 물체의 움직임을 바꿀 수 있으며, 저항이 없다면 어떤 물체의 운동을 변화시킬 수 있다. 물체에 작용하는 모든 힘을 합친 것을 합력이라고 하며, 이 합력은 물체의 속력이나 방향을 변화시킨다. 또한, 힘은 물체를 결합시켜 양성자, 원자, 분자와 같은 복잡한 구조의 물질을 만들기도 한다.

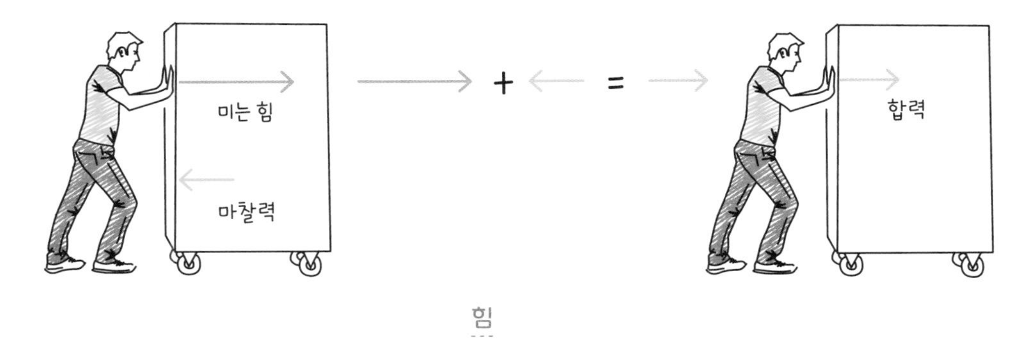

힘

힘은 벡터다. 물체에 작용하는 모든 힘을 합쳐 하나의 합력으로 나타낼 수 있다. 이 합력이 0보다 크면 물체가 가속된다. 예를 들어, 미는 힘이 마찰력보다 크면 물체가 가속된다.

전자기력

전자기력은 전하를 가진 물체들 사이에 작용하는 힘이다. 이 힘은 반대 전하를 가진 물체들 사이에서는 끌어당기는 힘, 즉 인력이 되고, 같은 전하를 가진 물체들 사이에서는 밀어내는 힘, 즉 척력이 된다. 전자기력의 영향은 아주 멀리까지 미치지만, 거리가 멀어질수록 힘은 약해진다.

전자기력은 원자와 분자가 만들어지는 데 중요한 역할을 한다. 지구의 생명체를 형성하는 데도 필수적이다. 또한, 전자기력은 전기 회로의 기본 요소로서 우리가 매일 사용하는 많은 기술을 가능하게 한다.

강한 상호 작용

강한 상호 작용은 이름에서 알 수 있듯이 매우 강력해서 다른 모든 상호 작용의 기준이 된다. 주로 원자 속에서만 작용하기 때문에 우리가 직접 느낄 수는 없다. 이 힘은 '쿼크'라는 아주 작은 입자들을 결합하여 원자의 중심인 양성자와 중성자를 만드는 데 중요한 역할을 한다.

약한 상호 작용

약한 상호 작용은 다른 기본 힘과는 다르게 작용한다. 이 힘은 서로를 끌어당기거나 밀어내는 것이 아니라, 입자들이 서로 변환하도록 유도한다. 약한 상호 작용은 원자를 구성하는 입자들이 한 종류에서 다른 종류로 바뀌게 만드는 역할을 한다.

예를 들어, 방사성 베타 붕괴는 약한 상호 작용 때문에 일어나는 현상이다. 강한 상호 작용과 마찬가지로 약한 상호 작용도 원자 바깥에서는 작용하지 않기 때문에 우리가 직접 경험하

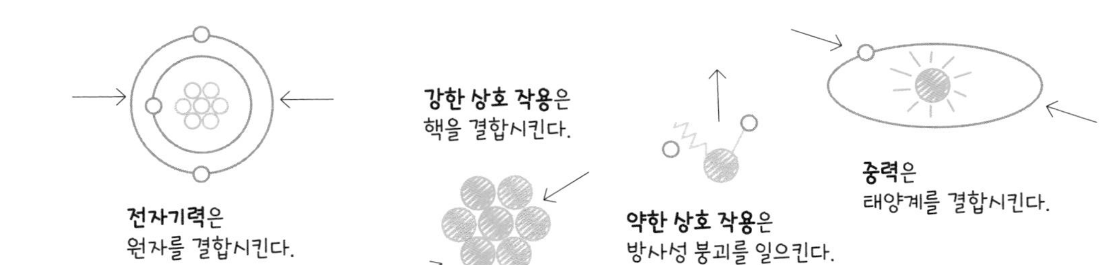

지는 못한다.

수직 항력

물체가 단단하게 느껴지는 이유는 수직 항력 때문이다. 이 힘은 물체 속 전자들이 서로 가까워지지 않으려고 밀어내는 전자기력에서 생긴다. 원자의 대부분은 빈 공간이지만, 전자들끼리 밀어내는 힘 때문에 물체가 단단하게 느껴진다. 물체를 밀거나 눌러도 수직 항력이 작용해 쉽게 변형되거나 뚫리지 않는다. 이 힘 덕분에 우리는 물체를 안정적으로 만질 수 있고, 의자에 앉아도 안전하게 지탱할 수 있다.

수직 항력과 마찰력

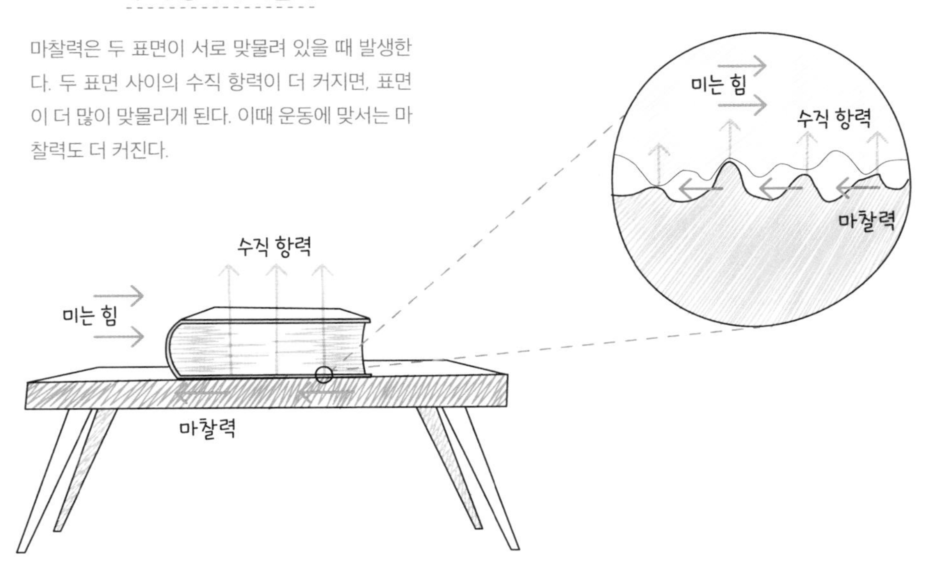

마찰력은 두 표면이 서로 맞물려 있을 때 발생한다. 두 표면 사이의 수직 항력이 더 커지면, 표면이 더 많이 맞물리게 된다. 이때 운동에 맞서는 마찰력도 더 커진다.

마찰력

수직 항력처럼 마찰력도 전자기력에 의해 발생한다. 수직 항력은 두 표면이 수직으로 밀어내는 힘이고, 마찰력은 표면을 따라 움직이는 것을 방해하는 힘이다. 마찰력이 생기는 이유는 표면이 완전히 매끄럽지 않기 때문이다.

표면을 확대해 보면 울퉁불퉁해서 물체가 움직일 때 저항이 생기고, 반대 방향으로 힘이 작용한다. 마찰력의 크기는 표면의 상태에 따라 달라진다. 표면이 거칠수록 마찰력이 커지고, 매끄러울수록 작아진다.

정지 마찰력과 운동 마찰력

마찰력에는 두 가지 유형이 있다. 정지 마찰력과 운동 마찰력이다. 정지 마찰력은 물체가 정지한 상태에서 움직이기 위해서 극복해야 하는 힘이고, 운동 마찰력은 이미 움직이고 있는 물체에 작용하는 힘이다. 정지 상태에서는 두 표면이 오랜 시간 붙어 있어서 미세한 부분들이 서로 딱 맞물리기 때문에 이 상태를 풀어 주려면 더 많은 힘이 필요하다.

한편, 운동 마찰력은 이미 서로 미끄러지며 움직이고 있는 표면 사이에 작용하는 힘이다. 일단 움직이기 시작하면 두 표면이 계속 스치기 때문에 맞물리거나 붙을 시간이 부족하다. 그래서 운동 마찰력은 정지 마찰력보다 작다. 물체가 움직이기 시작하면 작은 운동 마찰력만 이겨 내면 되기에 계속 움직이는 게 더 쉽다.

중력

중력은 기본 상호 작용 중 가장 약한 힘이다. 중력이 실제로 큰 힘으로 작용하려면 행성이나 별 같은 거대한 질량이 필요하다. 중력은 우리의 삶에 늘 존재하며, 우주를 가로질러 아주 먼 곳에서도 느껴지는 힘이다. 항상 서로를 끌어당기는 방향으로 작용한다.

질량

질량은 물체가 중력과 관성에 영향을 받는 정도를 나타내는 속성이다. 중력 질량은 물체가 중력에 의해 다른 물체와 얼마나 강하게 끌리는지를 나타내고, 관성 질량은 물체의 운동을 바꾸는 데 필요한 힘의 크기와 관련된다.

중력 질량은 물체가 중력에 의해 얼마나 끌리는지를 결정한다. 예를 들어, 같은 물체가 지구에서는 무겁게 느껴지지만, 중력이 약한 곳에서는 더 가볍게 느껴진다. 이는 중력 질량이 물체가 중력을 얼마나 받는지를 정하기 때문이다.

관성 질량은 물체의 운동을 얼마나 쉽게 바꿀 수 있는지를 결정한다. 큰 트럭을 밀어 움직이는 것이 자전거를 움직이는 것보다 훨씬 어려운 이유도 관성 질량 때문이다. 관성 질량이 클수록 정지한 상태에서 움직이기 어렵고, 움직이고 있는 상태에서 멈추기도 어렵다.

뉴턴의 중력

뉴턴의 중력 법칙은 우주에 있는 모든 물체가 서로 끌어당긴다는 사실을 설명한다. 두 물체가 서로 느끼는 힘은 각 물체의 중력 질량과 두 물체 사이의 거리와 관련이 있다. 물체의 질량이 클수록 서로 끌어당기는 힘, 즉 인력이 커진다. 두 물체가 가

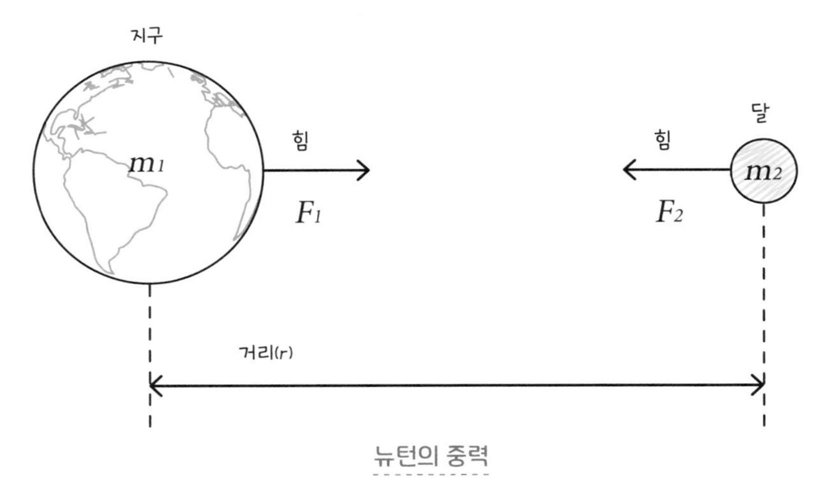

뉴턴의 중력

중력 질량을 지닌 두 물체는 같은 크기의 힘으로 서로를 끌어당긴다. 이 힘은 두 물체의 질량을 곱한 값을 두 물체 사이 거리의 제곱으로 나눈 값에 비례한다.

$$F_1=F_2=G\frac{m_1 \cdot m_2}{r^2}$$

까워질수록 이 힘은 더 강해진다. 중력은 거리의 제곱에 반비례한다. 즉, 두 물체 사이의 거리가 절반으로 줄어들면 중력이 네 배로 강해진다.

장

장은 어떤 물체가 다른 물체에 힘을 행사하는 보이지 않는 공간이다. 전기장이나 자기장 실험에서 실제로 확인할 수 있다.

전하를 가진 물체는 전기장이라는 장을 만들어 낸다. 다른 전하를 가진 물체가 이 전기장 안으로 들어오면 전자기력을 느끼게 된다. 음전하를 가진 물체는 주위에 전기장을 만들어, 양전하를 가진 입자는 끌어당기고 음전하를 가진 입자는 밀어

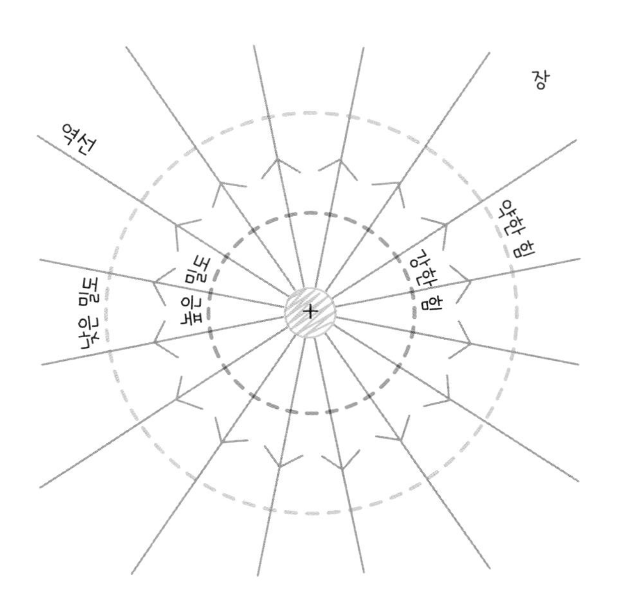

장

역선은 어떤 물체 주위에 작용하는 힘이 얼마나 강한지를 보여 주는 선이다. 역선이 빽빽할수록 힘이 더 강하게 작용한다. 또한 역선은 힘이 어느 방향으로 작용하는지도 알려 준다.

낸다.

각각의 기본 힘은 그에 맞는 장을 가지고 있으며, 이 장은 힘이 미치는 범위만큼 퍼진다. 중력과 전자기력은 아주 먼 거리까지 영향을 미친다. 하지만 강한 상호 작용과 약한 상호 작용은 원자핵의 경계를 넘어서는 곳에는 힘이 미치지 않는다.

역선

우리는 역선들이 모여 있는 그림으로 장을 상상할 수 있다. 역선은 어떤 물체가 장 안으로 들어올 때 느끼게 될 힘의 크기와 방향을 보여 주는 선이다. 장과 역선은 실제로는 보이지 않지만, 막대자석 주위에 쇳가루를 뿌린 후 쇳가루가 정렬된 모습을 보면 역선이 어떻게 나타나는지를 알 수 있다.

장의 세기

장의 세기는 역선의 밀집도로 알 수 있다. 역선들이 촘촘히 모여 있는 곳은 장의 세기가 강하고, 역선들이 드문드문한 곳은 장의 세기가 약하다.

어떤 물체가 만드는 장의 세기는 그 물체의 특성에 따라 달라진다. 예를 들어, 전하량이 두 배 큰 물체 주변에서는 그 물체와의 거리에 상관없이 전기력선의 밀도가 두 배가 된다.

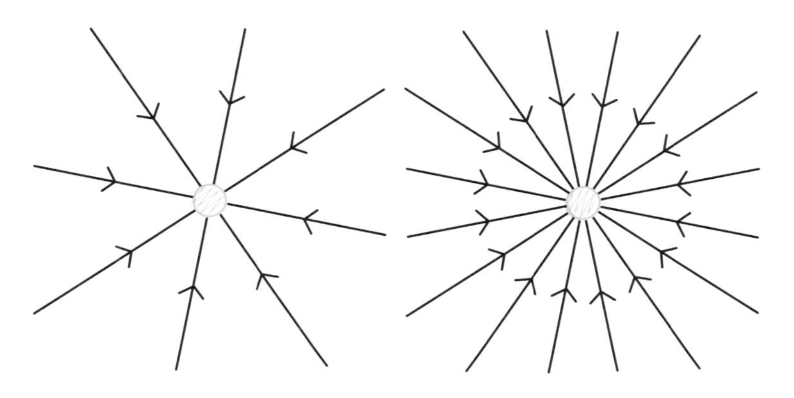

장의 세기

역선이 많이 모여 있는 곳은 힘이 더 강하게 작용한다.

에너지

물리학에서 물체에 작용하는 힘을 설명할 때 에너지라는 개념을 사용한다. 에너지는 직접 보거나 만질 수 없는 추상적인 개념이다. 하지만 에너지가 한 곳에서 다른 곳으로 이동할 때 물체에 어떤 변화가 일어나는지 볼 수 있다. 에너지는 장처럼 눈에 보이지는 않지만 물리학에서 매우 중요한 역할을 한다.

에너지 보존

에너지 양은 자연에서 일정하게 유지되는 물리량으로 새로 생기거나 사라지지 않고 언제나 그대로 보존된다. 따라서 어떤 사건이 일어나더라도 전과 후의 에너지 크기는 변하지 않고, 그저 형태만 바뀔 뿐이다. 즉, 사건 전후의 에너지를 비교해도 그 크기는 항상 같다.

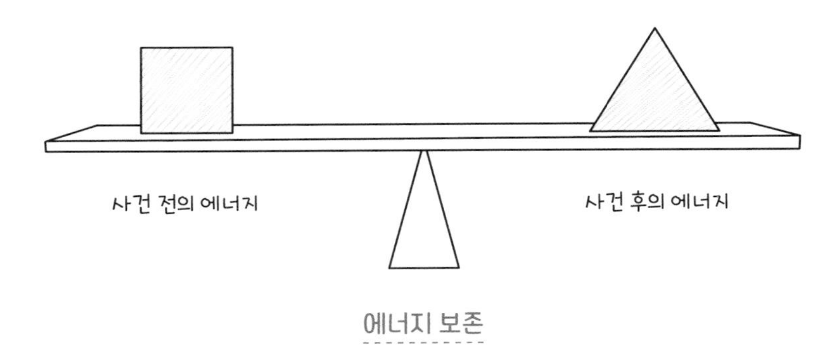

에너지 보존

모든 닫힌계에서는 그 안에서 어떤 변화가 일어나더라도 총 에너지는 항상 같다. 다른 형태로 바뀔 수는 있지만, 모든 에너지를 더한 값은 항상 일정하다.

에너지 전환

사건이 일어날 때 에너지는 다른 형태로 변한다. 사건이 끝난 후에는 새로운 형태로 저장되거나 물체와 물체 사이에서 다른 방식으로 전달된다. 에너지는 언제든 다양한 형태로 전환될

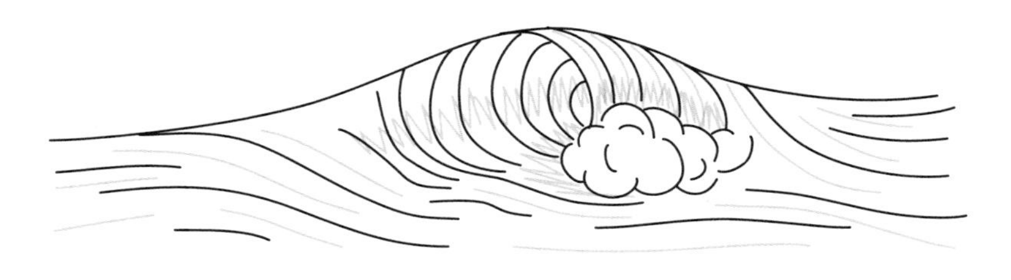

에너지 전환

파동은 에너지가 다른 형태로 바뀌는 방식 중 하나다. 우리는 파도를 볼 수 있지만, 파도가 가지고 있는 에너지는 보지 못한다. 하지만 파도가 해안에 부딪힐 때, 그 에너지를 눈으로 직접 볼 수 있다.

수 있다.

에너지 저장

우주의 모든 에너지는 빅뱅으로부터 시작되었다. 그 후 새로운 에너지는 만들어지지 않았다. 에너지는 다른 형태로 변하며, 다양한 방식으로 우주 속에 분배되어 있다.

일

일은 힘을 사용해 에너지를 하나의 저장고에서 다른 저장고로, 또는 한 물체에서 다른 물체로 이동시키는 것을 의미한다. 물체가 다른 물체에 에너지를 전달하는 것을 '일을 했다'고 하며, 에너지를 받은 물체는 '일을 받았다'고 표현한다.

에너지는 힘, 파동, 열 등 다양한 방식으로 이동하거나 전환된다. 에너지는 위치에 따라 저장되는 위치 에너지와 움직임에 따라 저장되는 운동 에너지로 나뉜다. 물체가 일을 하거나 받는다는 건 그 안에 에너지가 저장되어 있다는 뜻이다.

뉴턴의 운동 법칙

뉴턴의 운동 법칙은 물체가 어떻게 움직이는지를 이해하고 예측하는 데 중요한 역할을 한다. 이 법칙은 물체가 받는 힘과 그로 인해 생기는 가속도의 관계를 쉽게 설명해 주며, 우리가 일상에서 경험하는 여러 가지 현상을 이해하는 데 도움을 준다. 그 덕분에 우리는 물체의 운동 상태를 쉽게 파악할 수 있고, 힘이 작용할 때 어떤 변화가 일어날지를 예측할 수 있다. 뉴턴의 운동 법칙은 과학과 공학에서도 많이 사용되며, 여러 문제를 해결하는 데 기본이 된다.

동역학

동역학은 힘이 물체에 어떻게 영향을 미치는지를 연구하는 물리학 분야다. 아이작 뉴턴이 세 가지 운동 법칙을 통해 동역학의 중요한 개념들을 처음으로 정리했다.

뉴턴 제1법칙 : 관성의 법칙

관성의 법칙은 물체가 힘을 받지 않을 때의 움직임을 설명하

관성의 법칙

어떤 물체에 힘이 작용하지 않으면 그 물체는 계속 같은 속도로 움직이거나 가만히 멈춰 있게 된다.

는 것이다. 이 법칙에 따르면, 힘이 작용하지 않을 때 모든 물체는 같은 속도로 움직이거나 가만히 있게 된다. 즉, 정지해 있는 물체는 계속 정지해 있고, 일정한 속도로 움직이는 물체는 같은 속도로 쭉 움직인다.

관성은 물체가 움직임을 바꾸기가 얼마나 어려운지를 나타내는데, 이는 물체의 질량과 관련이 있다. 질량이 큰 물체는 질량이 작은 물체보다 힘을 더 많이 받아야 움직임이 바뀐다. 질량이 클수록 관성이 커진다는 얘기다. 따라서 관성의 법칙은 물체가 외부에서 힘을 받지 않는 한, 현재의 상태를 유지하려는 성질을 가리킨다.

뉴턴 제2법칙 : 가속도의 법칙

가속도의 법칙은 물체에 작용하는 힘, 질량, 그리고 운동 변화의 관계를 설명한다. 이 법칙은 두 가지 방법으로 이해할 수 있다.

첫 번째로, 힘은 물체의 질량과 가속도를 곱한 값으로 표현할 수 있다. 이를 'F = ma'라고 한다. 여기서 F는 힘, m은 질량, a는 가속도다. 즉, 물체의 질량이 클수록 같은 속도로 가속하려

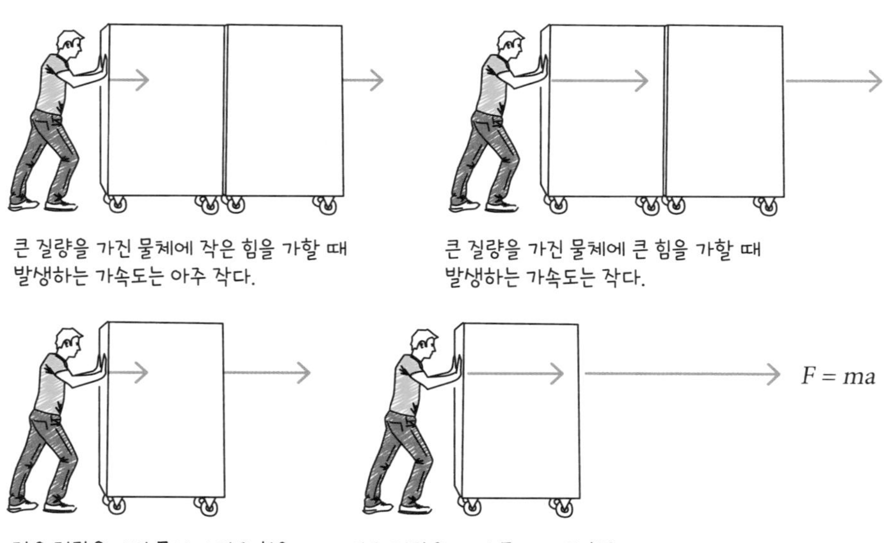

가속도의 법칙

물체의 질량이 클수록 가속하는 데 더 큰 힘이 필요하다. 반면, 질량이 작으면 같은 힘으로 더 크게 가속할 수 있다.

할 때 더 많은 힘이 필요하다는 뜻이다. 두 번째로, 힘은 운동량의 변화와 관련이 있다. 힘의 평균값은 운동량의 변화를 힘이 작용한 시간으로 나눈 것이다.

이 법칙은 자동차에도 적용된다. 달리는 자동차를 멈추게 하려면 힘이 필요한데, 이때는 충돌 시간이 중요하다. 충돌 시간이 짧으면 자동차와 사람이 순간적으로 큰 힘을 받지만, 시간이 길어지면 힘이 약해진다. 그래서 요즘 자동차는 충돌할 때 일부러 차체가 찌그러지도록 만든다. 차체가 찌그러지면 충돌이 천천히 일어나고 충격도 약해져 사람들이 덜 다칠 수 있다. 이렇게 가속도의 법칙은 힘과 움직임의 변화를 이해하고 안전 기술을 발전시키는 데 도움을 준다.

뉴턴 제3법칙 : 작용 반작용의 법칙

작용 반작용의 법칙은 두 물체가 서로 힘을 주고받을 때, 그 힘이 대칭적으로 작용하는 것을 말한다. 이 법칙에 따르면, 한 물체가 다른 물체에 힘을 가하면, 그 물체도 똑같은 크기의 힘을 반대 방향으로 가한다.

예를 들어, 우리가 어떤 물체를 끌어당기면 그 물체도 같은 힘으로 우리를 끌어당긴다. 흔히 태양이 지구를 끌어당겨 붙잡고 있다고 생각하지만, 사실 지구도 태양을 똑같은 힘으로 끌어당기고 있다. 마찬가지로 사람이 넘어질 때 중력이 사람을

작용 반작용의 법칙

한 물체에 작용하는 모든 힘은 다른 물체에 작용하는 힘과 크기가 같다. 다만 방향은 반대다.

지구 쪽으로 끌어당기는 것처럼 사람도 같은 크기의 힘으로 지구를 자신의 쪽으로 끌어당긴다. 다만 지구는 질량이 매우 커

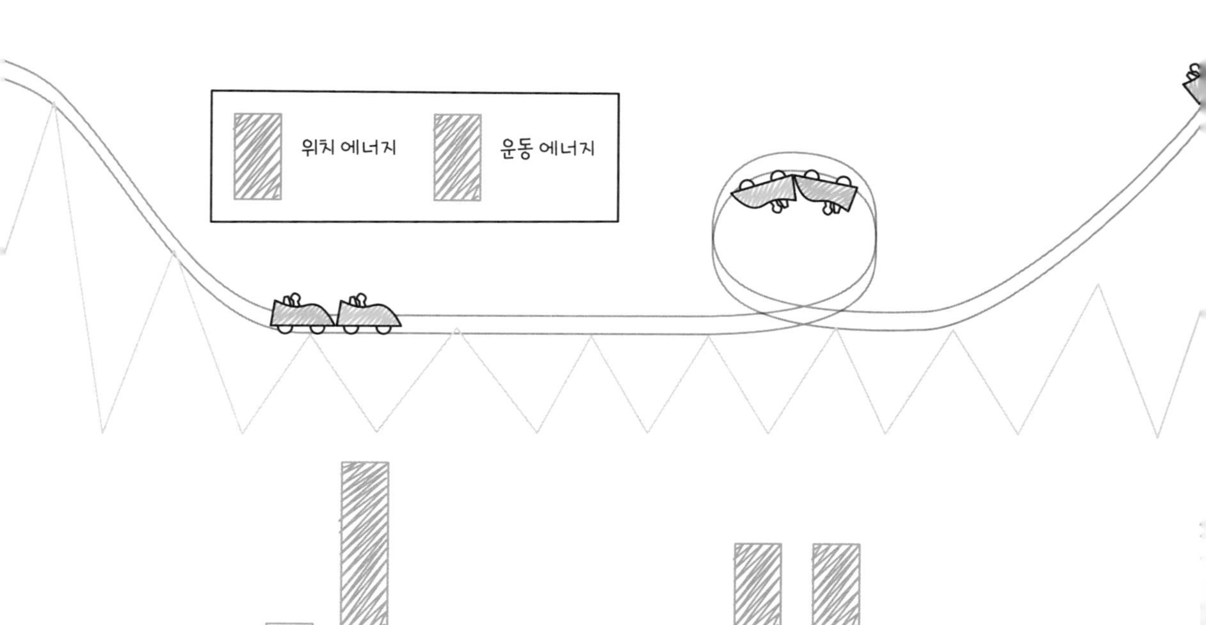

서 같은 힘으로는 거의 움직이지 않는다. 반면, 사람은 지구에 비해 훨씬 가벼워서 같은 힘으로 더 쉽게 움직이게 된다.

운동 에너지

물체가 움직일 때 속도에 따라 저장되는 에너지를 운동 에너지라고 한다. 물체가 더 빠르게 움직일수록 운동 에너지가 더 커진다. 만약 물체에 힘이 작용하거나 다른 물체에 힘을 가할 때, 물체의 속도가 변하면 운동 에너지도 함께 변한다.

위치 에너지

어떤 물체가 특정 위치에 있을 때 저장되는 에너지를 위치

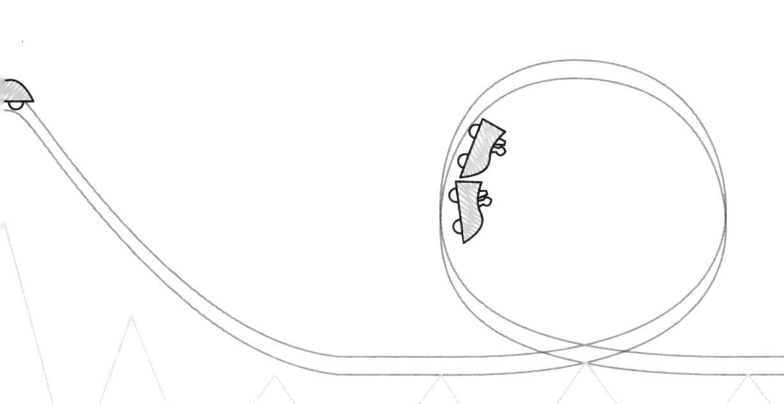

롤러코스터 타기

롤러코스터를 탈 때 운동 에너지와 중력 위치 에너지는 계속 변한다. 놀이기구가 제일 높은 곳에 있을 때 위치 에너지가 가장 크고, 제일 낮은 곳에 있을 때 가장 작아진다. 놀이기구가 가장 빠르게 움직일 때 운동 에너지가 제일 크다.

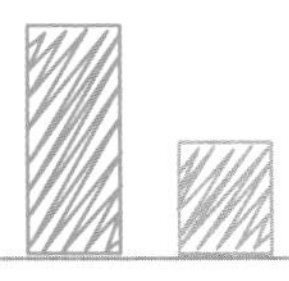

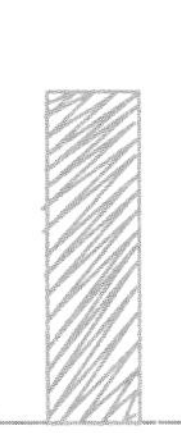

에너지라고 한다. 일반적으로 장의 세기가 약한 곳에 있는 물체는 높은 위치 에너지를 가지며, 장의 세기가 강한 곳에 있는 물체는 낮은 위치 에너지를 가진다.

물체가 장의 세기가 약한 곳에서 강한 곳으로 이동하면 위치 에너지가 낮아지면서 운동 에너지로 바뀐다. 예를 들어, 물체를 들어 올리면 중력에 의한 위치 에너지가 증가하고, 물체가 떨어지면 위치 에너지가 운동 에너지로 변한다. 물체를 더 높이 올릴수록 위치 에너지가 더 커진다.

가속도

가속도는 일정 시간 동안 속도(속력 또는 방향)가 얼마나 변하는지를 나타낸다. 가속도가 크면 속도가 많이 변하고, 가속도가 작으면 속도가 적게 변한다. 물체에 가해지는 힘이 크면 가속도도 커지지만, 물체의 질량이 크면 가속도는 작아진다.

즉, 같은 힘이 작용할 때 질량이 작은 물체는 더 큰 가속도를 받으며, 질량이 큰 물체는 더 작은 가속도를 받는다. 가속도는 힘과 질량의 비율에 따라 달라진다.

충격량

일정한 시간 동안 힘이 작용하여 물체의 운동량이 변한 정도를 말한다. 충돌 시간이 길어질수록 같은 충격량을 만들기 위해 필요한 힘은 작아진다.

돌림힘

돌림힘은 물체를 회전시키는 힘이다. 물체가 회전하려면 돌림힘이 필요하며, 이 힘의 크기에 따라 물체가 빠르게 또는 천천히 회전하게 된다. 예를 들어, 자전거 페달을 밟을 때 세게 밟으면 빠르게 돌아가고, 약하게 밟으면 천천히 돌아간다.

진동과 파동

단순 조화 운동

진동

파동

진행

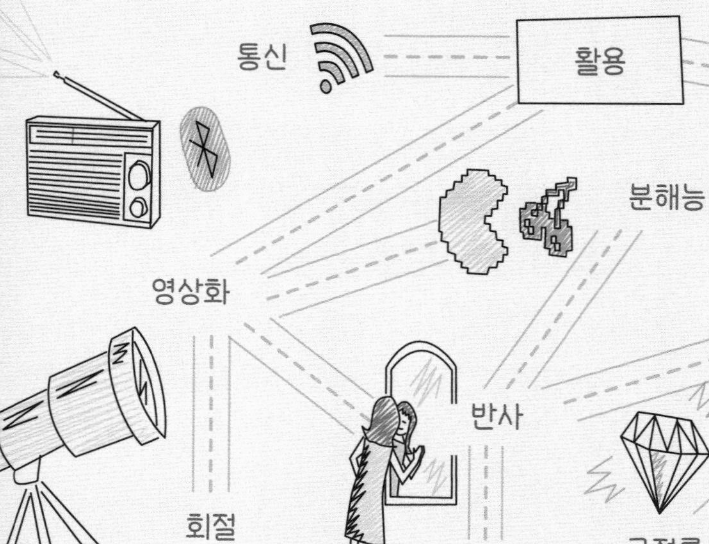

반사의 법칙

굴절률

굴절

분산

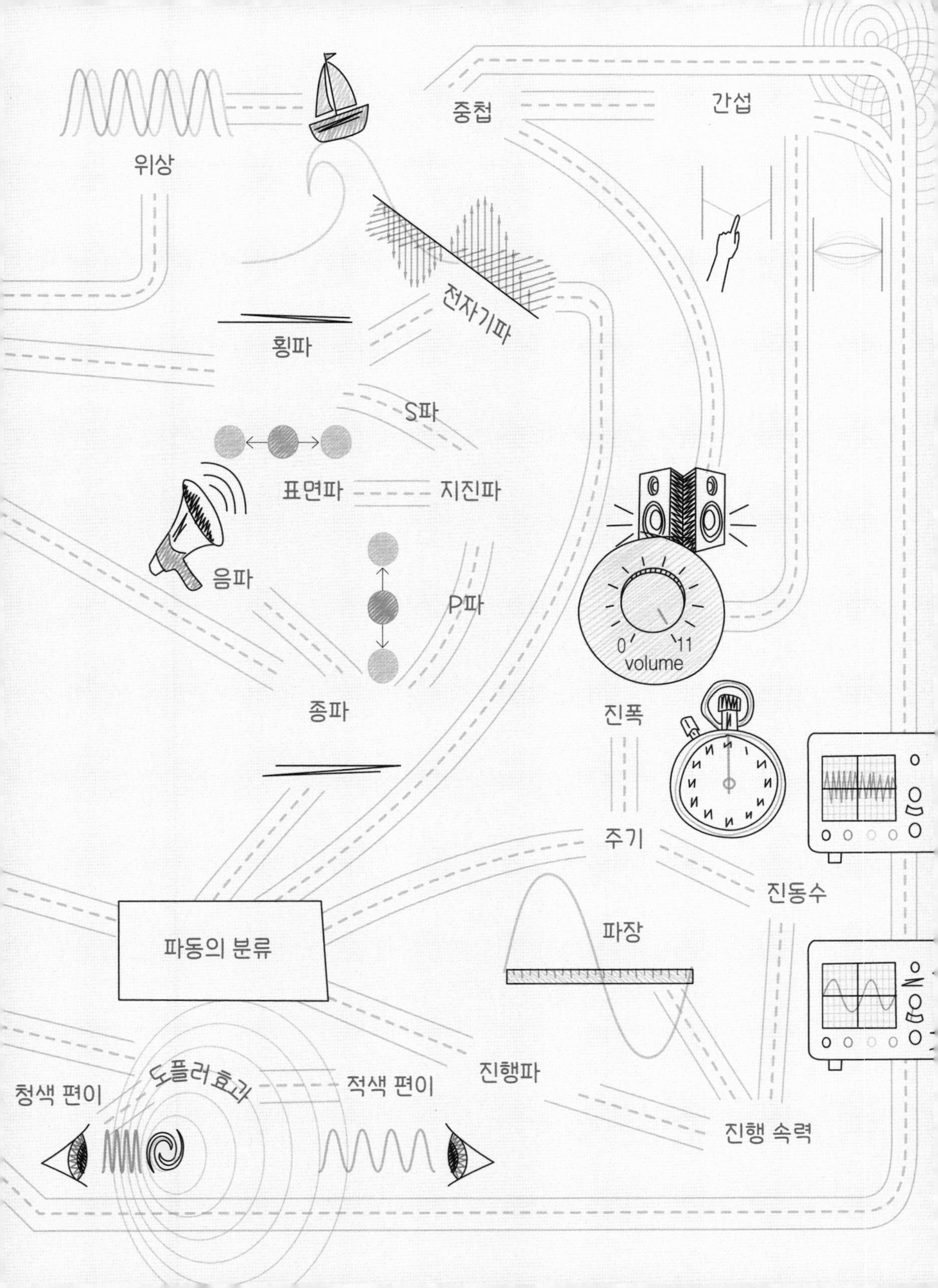

위상
중첩
간섭
전자기파
횡파
S파
표면파
지진파
음파
P파
0
11
volume
종파
진폭
주기
진동수
파장
파동의 분류
진행파
도플러 효과
청색 편이
적색 편이
진행 속력

진동과 파동

진동과 파동은 물리학에서 매우 중요한 개념이다. 진동은 물체나 에너지가 일정한 주기를 가지고 반복적으로 움직이는 현상을 가리킨다. 파동은 에너지가 한 곳에서 다른 곳으로 전달될 때 발생하는 현상으로, 물질이나 에너지의 장이 진동하면서 생긴다. 진동과 파동은 서로 밀접하게 연결되어 있으며, 우리가 주변에서 쉽게 볼 수 있는 다양한 자연 현상을 이해하는 데 도움을 준다.

진동

어떤 물체가 일정한 위치를 기준으로 앞뒤로 주기적으로 흔들리면, 그 물체는 진동하고 있는 것이다. 진동의 한 주기는 물체가 한 번 진동하여 처음 위치로 돌아올 때 완성된다. 진동하는 물체는 한 주기 동안 진동 경로의 같은 지점을 두 번 지나치며, 그 지점을 지나칠 때마다 반대 방향으로 움직인다.

파동

파동은 에너지가 한 곳에서 다른 곳으로 전달될 때 생기는 현상이다. 이때 물질이나 장이 진동하면서 파동이 만들어진다. 파동은 진행 방향과 나란한 방향 또는 그 방향에 수직으로 물질이나 장을 진동시킨다. 파동의 한 주기는 고정된 위치에서 장이나 입자가 진동을 한 주기 마쳤을 때를 의미한다.

진폭

진폭은 파동의 진동 중심으로부터 최대 변위의 크기를 나타낸다. 즉, 파동의 진동이 얼마나 크게 일어나는지를 보여 주는 값이다. 파동의 진폭은 파동의 특징에 따라 달라진다.

종파

종파는 파동의 진행 방향과 나란한 방향으로 입자가 진동하는 파동이다. 이때 매질(공기나 물) 내의 입자들이 서로 충돌하면서 에너지를 전달한다. 종파에서는 입자들이 가까워져 밀도가 높고 압력이 증가하는 부분과, 서로 멀어져 밀도가 낮고 압력이 감소하는 부분이 번갈아 만들어지며 파동이 전달된다.

횡파

횡파는 파동의 진행 방향과 수직으로 입자가 흔들리는 파동

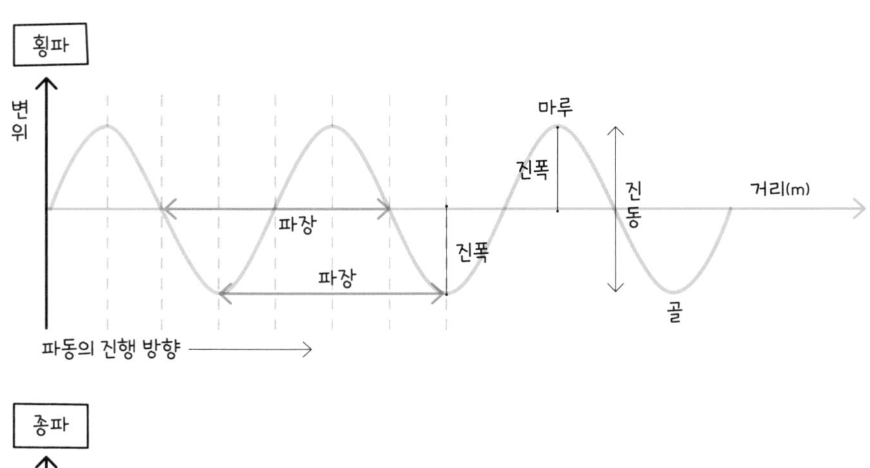

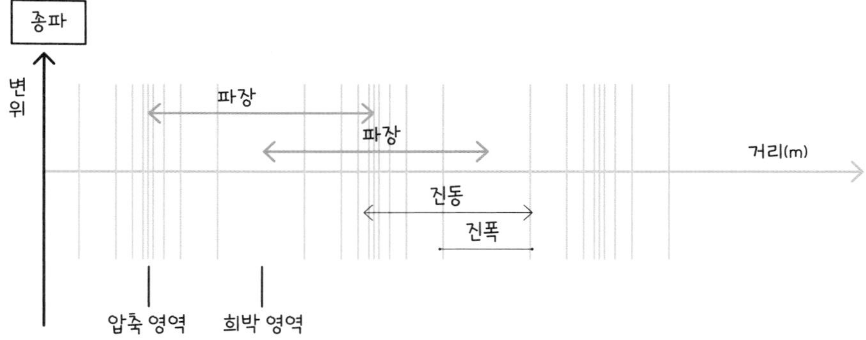

이다. 모든 전자기파는 자연 상태에서 횡파다. 전기와 자기, 그리고 파동의 진행 방향이 서로 수직으로 배열된다. 파동이 지나갈 때 가장 높은 부분을 마루라고 하고, 가장 낮은 부분을 골이라고 한다. 마루와 골의 높이 차이는 파동 진폭의 2배이다.

음파

음파는 우리가 소리를 들을 수 있게 해 주는 파동이다. 소리가 나면 공기 속의 작은 입자들이 앞뒤로 흔들리며, 이 흔들림이 퍼져 나가면서 소리가 멀리 전해진다. 예를 들어, 스피커에서 소리가 나면 스피커가 공기 입자를 앞뒤로 흔들고, 이 입자들이 서로 부딪치면서 진동이 퍼져 소리가 전달된다.

이 과정에서 매질에는 입자들이 압축된 부분과 희박한 부분이 생긴다. 진폭이 클수록 소리는 더 크게 들린다. 음악에서는 진동수를 '음높이'라고 부른다.

지진파

지진파는 지진을 일으키는 파동이다. 지구의 얇은 지각층이 갑작스럽게 움직이며 지진이 발생할 때 지진파가 생긴다. 지진파는 크게 둘로 나눌 수 있다. 실체파와 표면파다.

실체파는 지구 내부를 통해 전달되는 지진파로, P파와 S파로 나뉜다. P파는 종파로, 지구 내부를 통해 빠르게 전파된다. S파는 횡파로, P파 속도의 절반 정도로 느리다. 표면파는 지표면을 따라 전달되는 지진파로, 실체파가 지표면에 도달하여 발생한다. 레일리파와 러브파, 두 가지가 있다.

전자기파

전자기파는 전기장과 자기장이 진동하면서 에너지를 전달하는 파동이다. 전자기파는 입자가 필요 없기 때문에 매질 없이

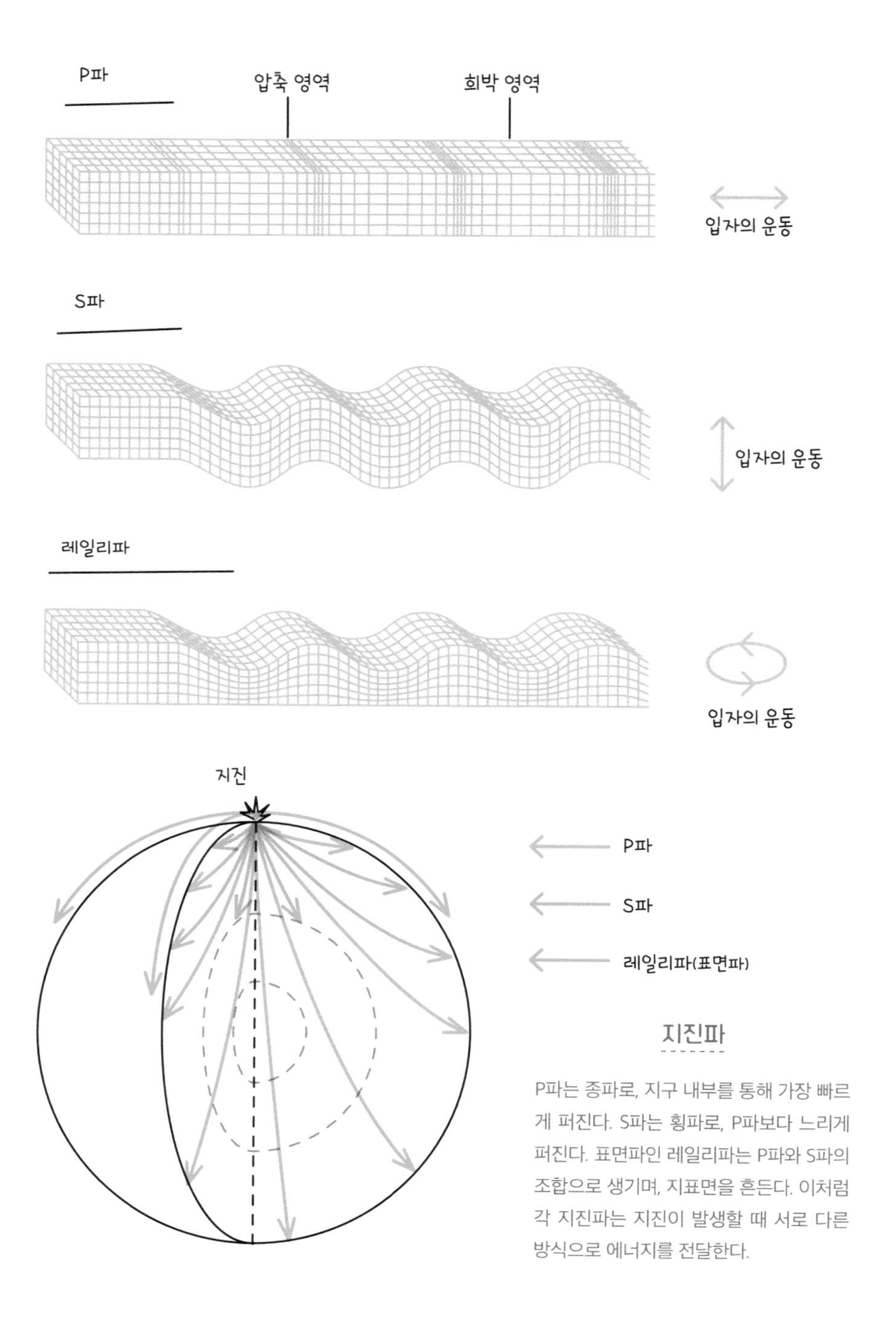

지진파

P파는 종파로, 지구 내부를 통해 가장 빠르게 퍼진다. S파는 횡파로, P파보다 느리게 퍼진다. 표면파인 레일리파는 P파와 S파의 조합으로 생기며, 지표면을 흔든다. 이처럼 각 지진파는 지진이 발생할 때 서로 다른 방식으로 에너지를 전달한다.

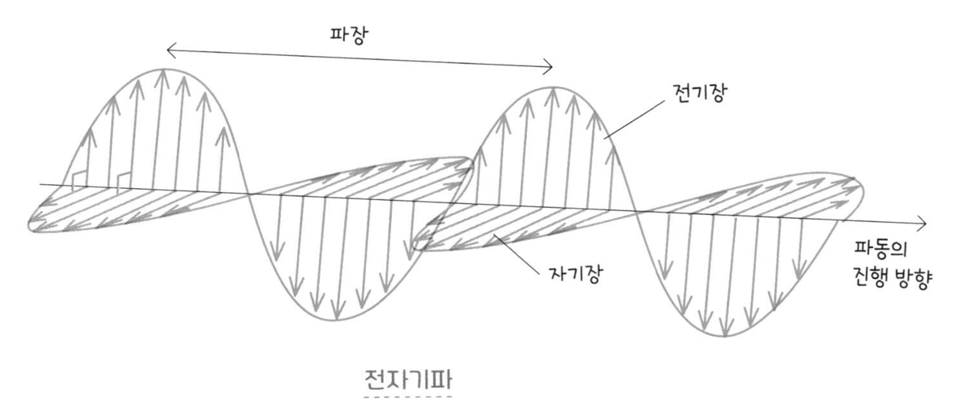

전자기파

우리가 흔히 빛이라고 부르는 전자기파는 전기장과 자기장의 진동으로 만들어진다. 이때 파동이 이동하는 방향과 전기장, 자기장 각각의 진동 방향은 서로 수직이다. 이 구조 덕분에 전자기파는 다양한 방식으로 에너지를 전달할 수 있다.

도 전파될 수 있다. 그래서 전자기파는 진공 상태에서도 에너지를 전달할 수 있다. 우리는 전자기파를 흔히 빛이라고 부르기도 한다. 모든 전자기파는 진공에서 빛의 속도로 이동하며, 이 속도는 초속 3억 m다. 전자기파는 일상 생활에서 다양한 용도로 사용되며, 진동수에 따라 각각 다른 이름으로 불린다.

반사

반사는 파동이 서로 다른 물질의 경계면에서 튕겨 나오는 현상이다. 예를 들어, 공기와 유리의 경계에서 파동이 반사될 수 있다. 이때 파동은 원래 있던 매질에 머물러 있다. 파동이 경계면에 접근할 때 입사각은 경계면에 수직으로 그린 가상의 선(법선)을 기준으로 측정하며, 입사각과 반사각은 항상 같다.

반사의 법칙

입사각과 반사각이 같다는 원리를 '반사의 법칙'이라고 한다. 파동이 경계면에서 반사될 때, 파동의 진행 방향은 원래 진행 방향의 뒤집힌 방향으로 바뀐다. 예를 들어, 왼쪽에서 오른쪽으로 진행하던 파동의 위쪽 진동이 반사되어 오른쪽에서 왼쪽으로 진행하는 파동의 아래쪽 진동으로 변한다. 이렇게 반사된 파동은 반대 방향으로 움직이면서도 진동의 방향을 바꾸어 계속 이어 간다.

굴절

파동이 어떤 경계면을 넘어갈 때, 매질이 바뀌면서 속도가 변하기도 한다. 이 과정에서 파동의 진행 방향이 바뀌는 현상을 '굴절'이라고 한다.

이 현상을 자동차 운전에 비유해서 설명할 수 있다. 아스팔트 도로에서 달리던 자동차가 흙길로 들어서면 속도가 느려진다. 만약 자동차의 왼쪽 바퀴만 흙길에 닿고 오른쪽 바퀴는 아스팔트에 있다면, 자동차는 왼쪽으로 방향이 꺾인다. 비슷하게, 파동이 속도가 느린 매질로 들어가면 방향이 굴절되어 입사각보다 작은 각도로 꺾인다. 반대로, 파동이 속도가 빠른 매

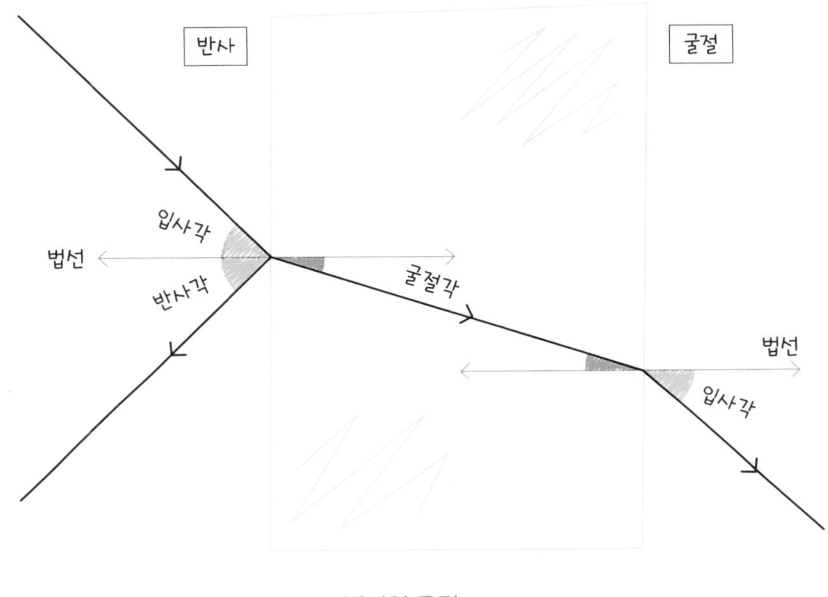

반사와 굴절

파동이 두 개의 서로 다른 물질 사이의 경계면을 통과할 때, 두 가지 일이 일어날 수 있다. 하나는 반사다. 반사는 파동이 경계면에서 튕겨 나와서 원래 있던 물질로 돌아오는 것이다. 다른 하나는 굴절이다. 굴절은 파동의 속도가 변하면서 방향이 바뀌는 것이다.

질로 들어가면 방향이 굴절되어 입사각보다 큰 각도로 꺾인다.

굴절률

굴절률은 파동이 어떤 물질을 통과할 때 진공에서의 속도와 비교해 얼마나 느려지는지를 나타내는 값이다. 진공에서의 속도를 기준으로 계산하며, 굴절률이 높을수록 파동은 더 느리게 이동한다. 빛은 진공에서 가장 빠르게 움직이고, 물이나 유리 같은 물질에서는 속도가 느려진다. 굴절률은 빛이 공기, 물, 유리처럼 서로 다른 물질로 들어갈 때 속도와 방향이 어떻게 변하는지를 설명하는 데 쓰이며, 두 물질의 굴절률 차이에 따라 빛의 진행 방향이 달라진다.

분산

빛이 진동수에 따라 다른 색으로 나누어지는 현상을 분산이라고 한다. 두 개의 다른 물질 사이의 경계면에서 분산이 일어날 수 있는데, 이는 빛의 진동수, 즉 색깔에 따라 굴절하는 정도가 달라지기 때문이다. 빛이 경계면을 지날 때는 색깔별로 방

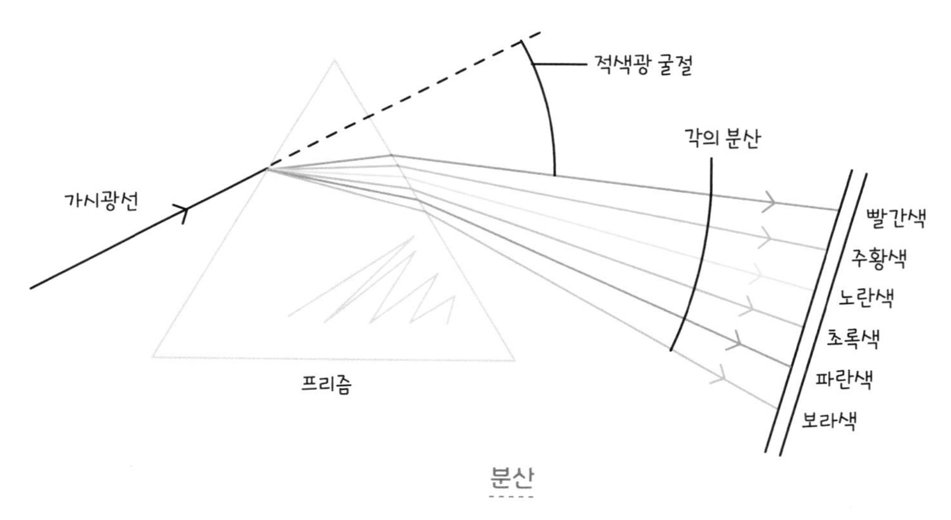

분산

빛이 어떤 물질 안으로 들어갈 때, 색깔에 따라 굴절률이 달라진다. 빛 속의 다양한 색깔은 서로 다른 각도로 꺾이면서 각자의 경로로 퍼지게 된다.

향이 다르게 꺾여 부채처럼 펼쳐지게 된다.

분산은 백색광이 프리즘을 통과할 때 관찰할 수 있다. 백색광은 여러 색깔의 빛이 섞여 있으며, 각 색깔은 굴절각이 다르다. 그래서 프리즘을 통과하면 색깔이 다른 방향으로 갈라져 무지개 빛깔이 생긴다. 렌즈를 통과할 때도 분산이 일어나 백색광이 갈라지면서 렌즈 주변에 무지갯빛이 나타난다.

회절

회절은 파동이 장애물의 모서리나 틈을 지나면서 퍼지는 현상이다. 파동은 장애물을 만나면 반사되거나 흡수되지만, 장애물에 모서리나 틈이 있으면 그 주위로 퍼지게 된다. 특히 틈이

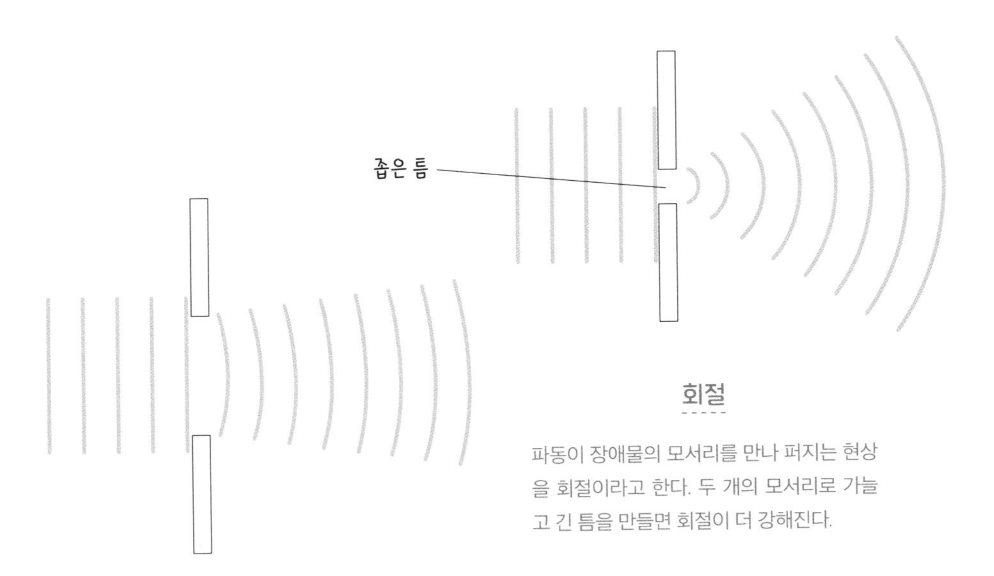

회절

파동이 장애물의 모서리를 만나 퍼지는 현상을 회절이라고 한다. 두 개의 모서리로 가늘고 긴 틈을 만들면 회절이 더 강해진다.

좁거나 틈의 너비가 파장과 비슷할 때, 파동은 더 넓게 퍼진다.

통신

파동은 에너지를 전달하는 것 외에도 여러 가지로 사용되는데, 정보 통신 분야에서는 전자기파를 활용해 정보를 전달한다. 먼저 정보는 아날로그 신호와 디지털 신호로 전달된다. 아날로그 신호는 연속적인 데이터로 정보를 전달하며, 정보가 그대로 유지된다. 디지털 신호는 데이터를 나눈 뒤 각 부분을 특정 값으로 변환하여 전달한다.

파동으로 정보를 전달하는 방법에는 두 가지가 있다. 하나는 진동수 변조(FM)로, 신호를 파동의 진동수로 바꾸어 전달하는 방법이다. 다른 하나는 진폭 변조(AM)로, 신호를 파동의 진폭으로 바꾸어 전달하는 방법이다.

영상화

파동의 반사를 이용하여 물체를 영상화할 수 있다. 빛이 물체에 닿으면 일부는 물체에 흡수되고, 나머지는 반사된다. 반사된 빛은 우리 눈으로 들어오고, 그 빛이 망막에 도달하면 뇌가 이를 처리하여 물체의 이미지를 만들어 낸다. 이 과정 덕분에 우리는 주변의 물체를 볼 수 있다.

이 원리는 카메라와 같은 영상 기기에서도 사용된다. 카메라

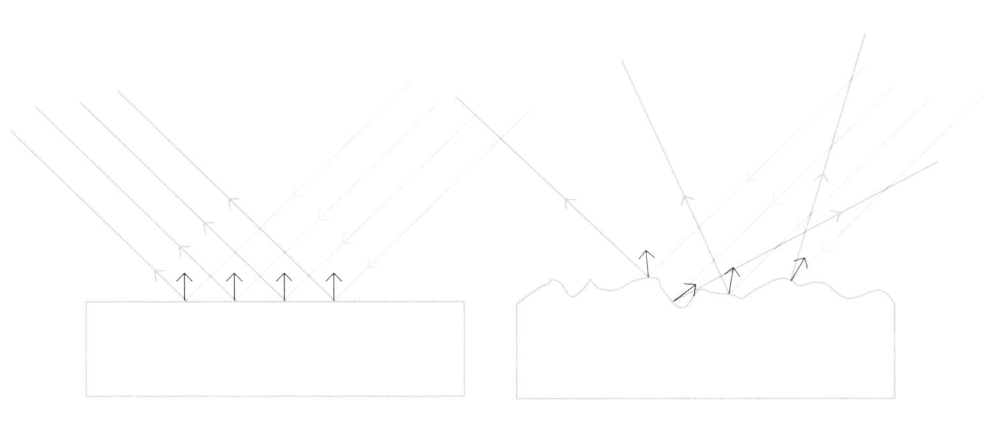

영상화

빛은 항상 표면에 입사한 것과 같은 각도로 반사된다. 매끄러운 표면에서는 빛이 들어온 각도와 똑같은 각도로 반사된다. 그러나 표면이 울퉁불퉁하면 여러 방향으로 흩어지게 된다.

는 렌즈를 통해 빛을 모으고, 반사된 빛의 정보를 기록하여 이미지를 생성한다. 이렇게 반사를 이용한 영상화 기술은 영화, 사진, 의료 등 다양한 분야에서 중요한 역할을 한다.

분해능

분해능은 특정 파동으로 볼 수 있는 가장 작은 물체의 크기를 말한다. 어떤 물체에서 반사되는 파동을 이용해 그 모양을 보려면, 사용하는 파동의 파장이 그 물체의 크기와 같거나 더 작아야 한다. 쉽게 이해하기 위해 달걀판을 떠올려 보자. 달걀판에 탁구공을 던지면, 공이 각기 다른 방향으로 튕겨 나간다.

이 방향들을 기록하면, 달걀판의 울퉁불퉁한 모양을 추측할 수 있다. 하지만 비치볼처럼 큰 공을 던진다면 어떻게 될까? 비치볼은 크기가 커서 달걀판의 세부 구조를 제대로 감지하지 못하고, 어디에 맞더라도 거의 같은 방향으로 튕겨 나간다. 즉, 큰 공으로는 달걀판의 세밀한 모양을 파악하기가 어렵다. 이와 마찬가지로, 작은 물체를 자세히 보려면 그보다 파장이 짧은 파동이 필요하다. 그렇지 않으면 물체의 세부적인 형상을 알아내기 어렵다.

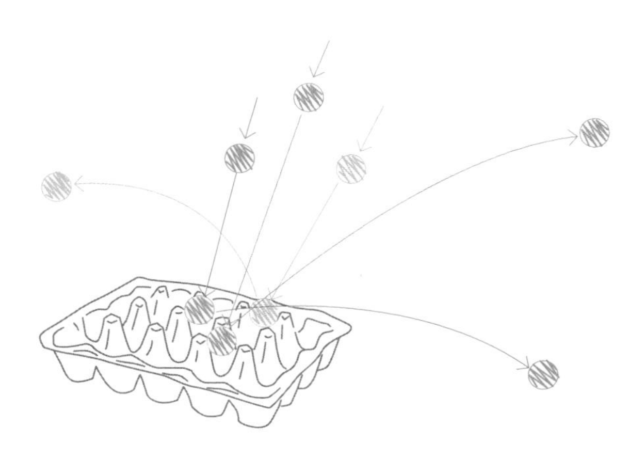

도플러 효과

파동을 발산하는 물체가 다가오거나 멀어질 때 관찰자가 감지하는 파동의 진동수는 거리에 따라 변한다. 이를 도플러 효과라고 한다. 이 현상은 구급차의 사이렌 소리를 예로 들 수 있다. 구급차가 우리 쪽으로 다가올 때는 사이렌 소리가 높은 음으로 들리고, 지나가서 멀어질 때는 낮은 음으로 들린다.

구급차가 다가올 때는 사이렌 소리의 파동이 서로 가까워져서 파동의 간격, 즉 파장이 줄어들기 때문이다. 우리가 듣는 파

도플러 효과

파동을 만들어 내는 물체가 다가오거나 멀어질 때, 우리는 파장이 변하는 것을 경험한다. 물체가 가까워지면 파장이 짧아져 소리가 높아지고, 멀어지면 파장이 길어져 소리가 낮아진다.

동의 진동수가 증가해서 높은 음으로 들린다. 반대로, 구급차가 멀어지면 파동의 간격이 늘어나서 진동수가 감소해 낮은 음으로 들린다.

적색 편이와 청색 편이

적색 편이는 전자기파에서 도플러 효과와 비슷한 개념이다. 빛을 내는 물체가 멀어질 때, 우리는 그 빛의 파장이 길어지고 진동수가 작아지는 것을 경험한다. 이 때문에 빛의 색이 원래보다 붉게 관찰되는데, 이를 적색 편이라고 한다. 반대로, 물체가 다가오면 빛의 파장이 짧아지고 진동수가 커져서 빛의 색이 원래보다 파랗게 관찰된다. 이런 현상을 청색 편이라고 한다.

파동의 주기

파동의 주기는 파동의 한 지점이 새로운 진동을 시작하기까지 걸리는 시간이다. 일정 시간 동안 파동을 관찰하면 주기를 알 수 있다. 주기는 파동에서 한 점이 한 번 진동하여 같은 위치로 돌아오기까지의 최소 시간이다.

파동의 진동수

진동수는 고정된 지점이 1초 동안 진동한 횟수를 나타낸다. 특정 시간 동안 진동한 횟수를 그 시간으로 나누어 계산한다. 진동수가 크면 1초에 더 많이 진동하고, 진동수가 작으면 더 적게 진동한다.

파장

파장은 2개의 연속적인 파동에서 동일한 위상에 있는 두 지점 사이의 거리다. 진행파에서 파장은 한 주기 동안 파동이 이동하는 거리를 뜻한다.

파장

파동의 동일한 지점이나 위상 사이의 거리를 파장이라고 한다.

파동의 진행 속력

파동의 진행 속력은 파동이 특정 지점을 통과하는 속도다. 파장과 진동수를 곱해서 계산할 수 있다. 매질에 따라 진행 속력이 다르게 나타난다.

진행파

진행파는 특정한 속력으로 진행하는 파동을 의미한다. 이 파동은 공간의 한 곳에서 다른 곳으로 에너지를 전달한다. 쉽게 말해, 진행파는 에너지를 실어 나르는 파동이다. 우리가 소리를 듣거나 빛을 보는 것도 파동이 진행되어 오는 결과이다.

위상

위상은 파동이나 진동이 주기 안에서 현재 어느 지점에 있는지를 나타낸다. 위상은 원을 돌고 있는 물체의 각도와 비슷하다. 예를 들어, 시계 반대 방향으로 원을 그리며 움직이는 물체

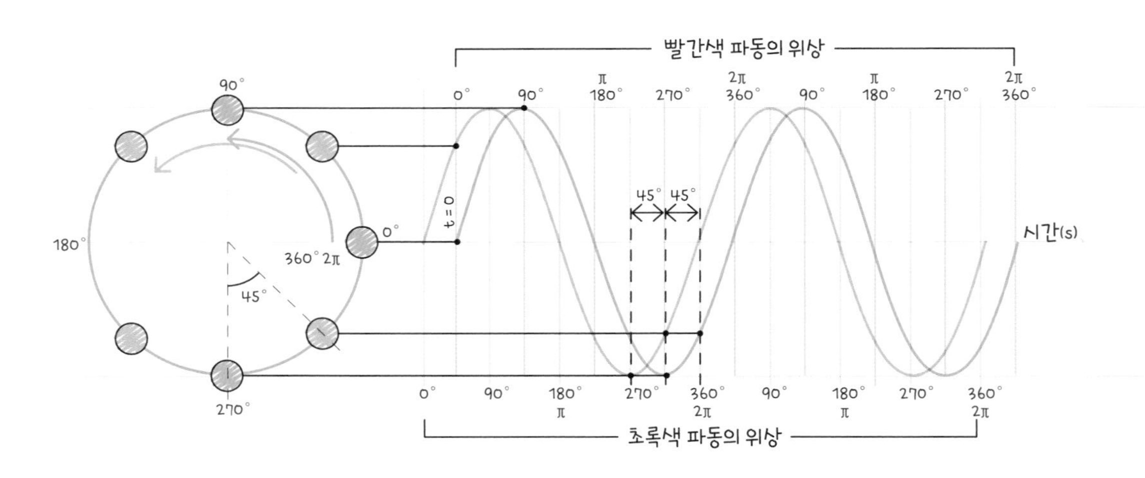

위상

위상은 하나의 진동 주기 안에서 파동이 현재 어떤 위치에 있는지를 나타낸다.
두 개의 파동은 위상 차이가 있을 수 있다. 예를 들어, 초록색 파동이 빨간색 파동보다 45°만큼 앞서 있으면, 초록색 파동이 빨간색 파동보다 앞선다고 말한다. 초록색 점이 빨간색 점보다 앞에 있다는 것을 원운동 그림에서 쉽게 이해할 수 있다.

가 0°에서 시작하여 360°까지 돌 때, 그 물체가 있는 위치를 나타내는 각도가 위상이다.

진동의 시작점은 보통 진동의 중심점에서 위쪽으로 진동하기 시작하는 지점이 선택된다. 진동의 위상은 이 시작점을 0°라고 할 때, 진동이 끝나는 지점은 360°가 된다. 만약 물체가 진동의 절반을 지나면, 그 물체의 위상은 180°다.

중첩

여러 개의 파동이 같은 공간에서 동시에 지나갈 때, 이 파동들이 겹치면서 새로운 파동을 만든다. 겹쳐진 파동은 새로운 형태가 된다. 예를 들어, 두 개의 물결이 만나면 더 큰 물결이 생기기도 하고, 때로는 물결이 사라지기도 한다. 이런 현상을 중첩이라고 한다. 하지만 중첩의 결과가 항상 파동이 되는 것은 아니다. 왜냐하면 중첩의 결과가 규칙적이지 않을 수도 있기 때문이다.

간섭

비슷한 속도와 주기를 가진 두 파동이 동시에 만나서 겹쳐지면 새로운 파동이 만들어진다. 이를 간섭이라고 한다. 간섭이 일어날 때 파동의 높이와 모양이 바뀔 수 있다. 만약 한 지점에서 두 파동의 변위가 같은 방향이라면, 새로 만들어진 파동의 높이는 두 파동의 높이를 더한 값이 된다. 이를 보강 간섭이라고 한다. 반대로, 만약, 한 지점에서 두 파동의 변위가 반대 방향이라면, 새로 만들어진 파동의 높이는 0이 될 수도 있다. 이를 상쇄 간섭이라고 한다.

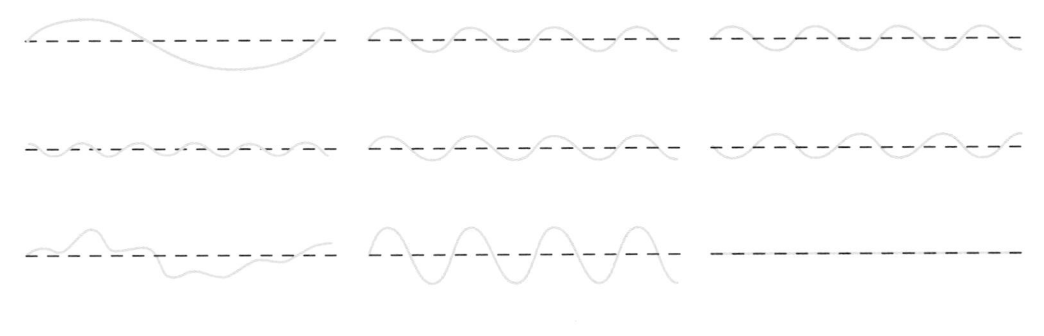

중첩

중첩은 두 개 이상의 파동이 합쳐져 하나의 새로운 파동을 만드는 현상이다.

보강 간섭

진동수가 같고 위상이 같은 파동이 만나면 서로 보강하여 더 큰 진폭을 가진 파동을 만든다.

상쇄 간섭

진폭과 진동수가 같고 위상 차이가 정확히 180°인 파동은 상쇄 간섭을 일으켜 서로를 완전히 상쇄한다.

단순 조화 운동

물체가 규칙적으로 왔다 갔다 하는 움직임을 단순 조화 운동이라고 한다. 예를 들어, 시계추가 좌우로 흔들리거나, 스프링이 튕겨 위아래로 움직이는 것이 단순 조화 운동이다.

물체가 중심에서 멀어지면 다시 중심으로 돌아가려는 힘이 작용한다. 이런 식으로 계속해서 중심과 멀어지고 돌아오기를 반복한다. 간단히 말해, '왔다 갔다' 하는 움직임을 반복하는 것이다. 물체의 속도는 시간이 지나도 줄어들지 않으며, 중심으로 돌아가려는 힘 때문에 주기와 진폭이 일정하다.

4
반도체
플라스마
초전도체
이온
대전서열
절연체
전하
마찰 전기
전자기
저항
직류
전도체
교류
전류

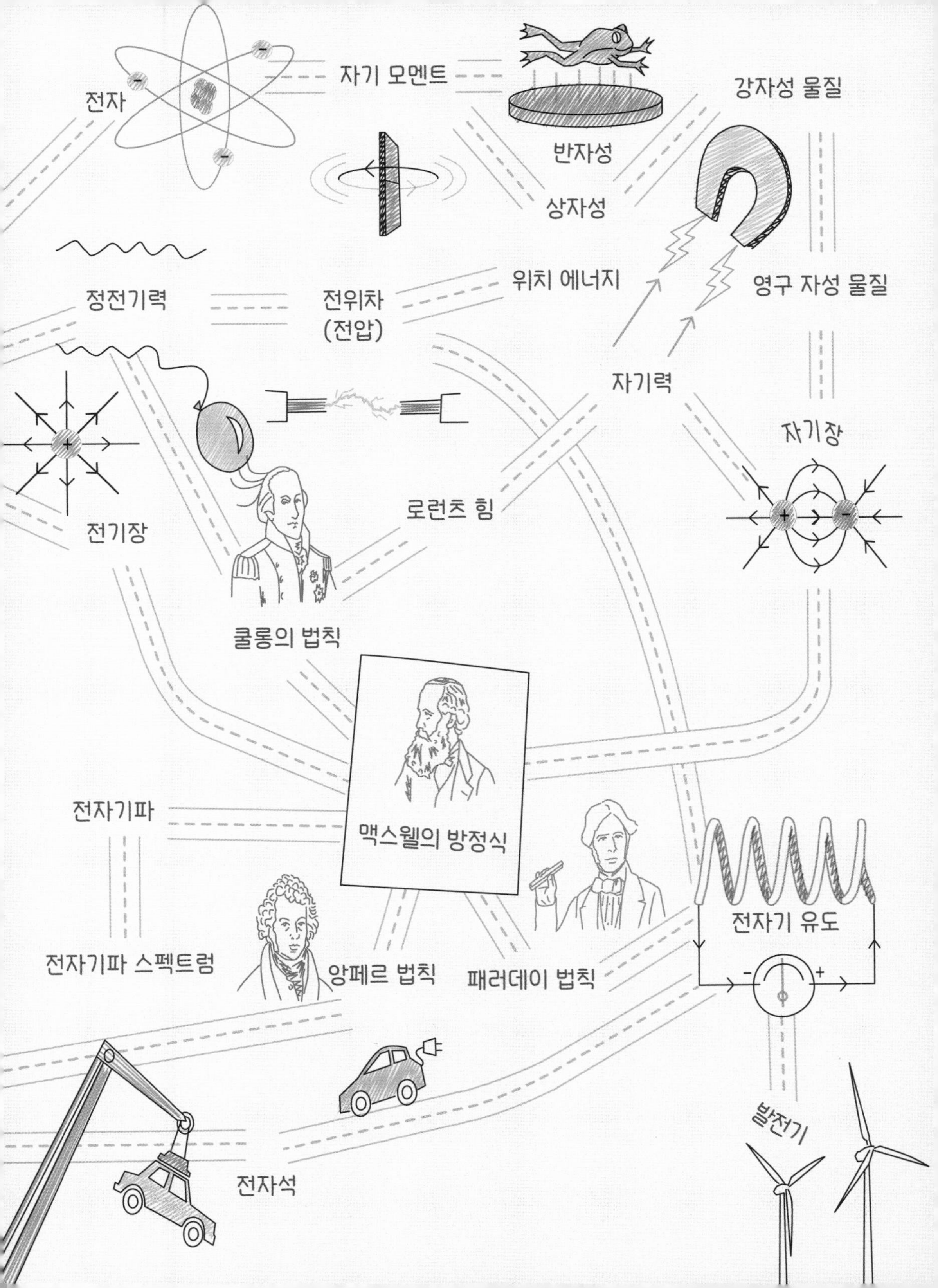

자기 모멘트
전자
강자성 물질
반자성
상자성
위치 에너지
영구 자성 물질
정전기력
전위차
(전압)
자기력
자기장
로런츠 힘
전기장
쿨롱의 법칙
전자기파
맥스웰의 방정식
전자기 유도
전자기파 스펙트럼
앙페르 법칙
패러데이 법칙
발전기
전자석

전하

전하는 물체가 가진 전기의 양을 말한다. 원자는 원자핵과 그 주위를 도는 전자로, 원자핵은 중성자와 양성자로 구성되어 있다. 중성자는 전기적으로 중성이며, 양성자는 양(+)전하를, 전자는 음(-)전하를 띠고 있다. 전하는 우리가 직접 볼 수도 만질 수도 없지만, 18세기 벤저민 프랭클린이 전하를 양전하와 음전하로 분류한 후에야 과학자들은 전기를 쉽게 설명하고 측정할 수 있게 되었다.

전하

전하는 원자 안의 양전하와 음전하를 모두 합한 값으로 결정된다. 일반적으로 우리 주변의 물질은 양전하와 음전하가 균형을 이루어서 전기적으로 중성이다. 즉, 전하가 0인 상태다.

전자

모든 물질에는 아주 작은 입자인 전자가 들어 있다. 전자는 음전하를 띠고 있으며, 모든 원자 안에 존재한다.

이온

원자 대부분은 전기적으로 중성이다. 하지만 특별한 상황이나 높은 온도에서는 원자가 전자를 잃거나 얻을 수 있다. 이렇게 전하를 띠게 된 원자를 이온이라고 한다. 원자가 전자를 잃으면 양이온이 되고, 전자를 얻으면 음이온이 된다.

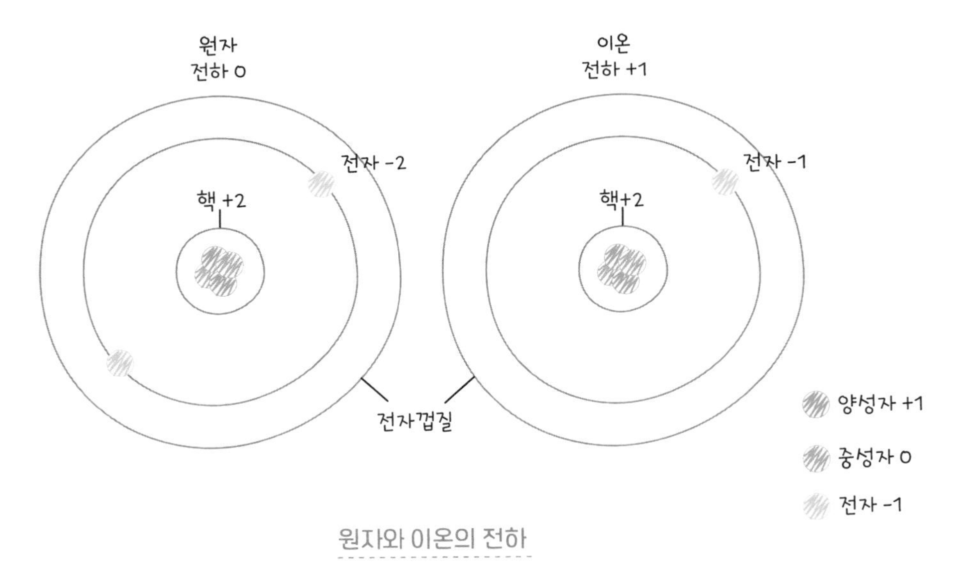

원자와 이온의 전하

원자와 이온의 전하는 그 원자를 구성하는 입자에 의해 결정된다.

플라스마

대부분의 물질은 고체, 액체, 기체의 세 가지 상태로 존재한다. 기체에 열을 많이 가해 아주 높은 온도에 이르면 전자들이 원자핵에서 떨어져 나가 자유롭게 움직인다. 이 상태에서는 기체가 음전하를 가진 전자와 양전하를 가진 이온으로 나뉘게 되며, 이를 플라스마라고 한다. 플라스마는 고체, 액체, 기체 상태 다음에 나오는 물질의 네 번째 상태다. 별은 뜨거운 플라스마가 공처럼 뭉쳐진 것이다.

전도체

물질 안에서 전하가 자유롭게 움직일 수 있는 물질을 전도체라고 한다. 전하가 자유롭게 움직이기 때문에 전류도 쉽게 흐를 수 있다. 금속 대부분은 전자가 자유롭게 움직이기 때문에 전도체로 분류된다. 소금물 같은 이온성의 액체나 플라스마도 전도체다. 이들은 음전하를 가진 전자와 양전하를 가진 이온이 움직여서 전류를 흐르게 한다.

초전도체

초전도체는 아주 낮은 온도로 냉각하면 전기 저항이 사라져 전류가 저항 없이 흐르는 물질이다. 이 때문에 에너지 손실이 없으며, 매우 효율적이다. 일부 금속과 합금은 이런 성질을 보이며, 합금은 더 높은 온도에서도 초전도 성질을 유지할 수 있다. 예를 들어, 산화구리 합금은 영하 140°C에서도 초전도 현상을 나타내며, 액체 질소로 쉽게 냉각할 수 있어 실용적이다.

초전도체는 전기 저항이 없을 뿐만 아니라 자석을 밀어내는 성질도 있어서 자기 부상 열차나 고효율 전기 장치에 주로 사용한다.

반도체

자유롭게 움직일 수 있는 전하의 양이 전도체보다 훨씬 적은 물질을 '반도체'라고 한다. 반도체는 특별한 조건에서만 전기가 흐른다. 반도체는 다른 화학 물질과 결합해 성질을 조절할 수 있다. 주로 실리콘이 반도체 원료로 사용되며, 컴퓨터, 디지털카메라 등 여러 전자 기기를 만드는 데 쓰인다.

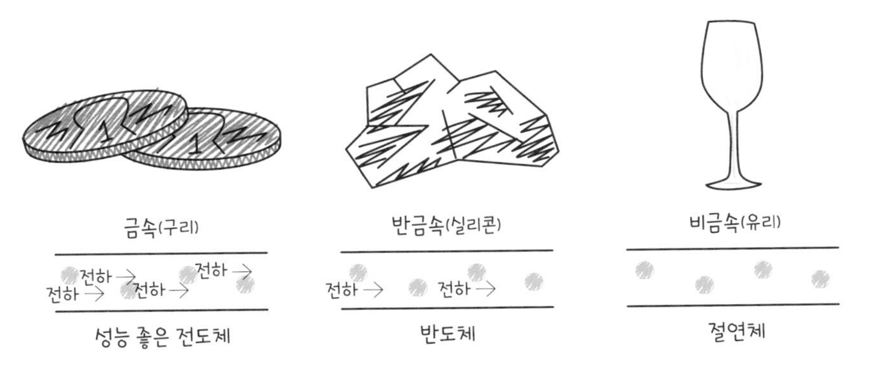

전도체

물질은 물질 내에 전류가 얼마나 잘 흐를 수 있는지에 따라 분류할 수 있다. 전도체는 전류가 잘 흐르는 물질이며, 반도체는 전도체에 비해 전류가 잘 흐르지 않는 물질이다. 절연체는 전류가 거의 흐르지 않는 물질이다.

절연체

전하가 자유롭게 움직이지 않아 전기가 흐르지 않는 물질이다. 절연체에서는 전하가 움직이지 못해서 전류가 흐르긴 어렵지만, 대신 마찰에 의해 전하를 띨 수 있어 정전기가 생긴다.

마찰 전기

두 개의 절연체를 서로 문지르면, 마찰이 발생하면서 전하가 교환된다. 이때 전기가 생기는데, 이를 정전기라고 한다. 한쪽 물체는 전자를 잃어 양전하를 띠고, 다른 쪽 물체는 전자를 얻어 음전하를 띤다.

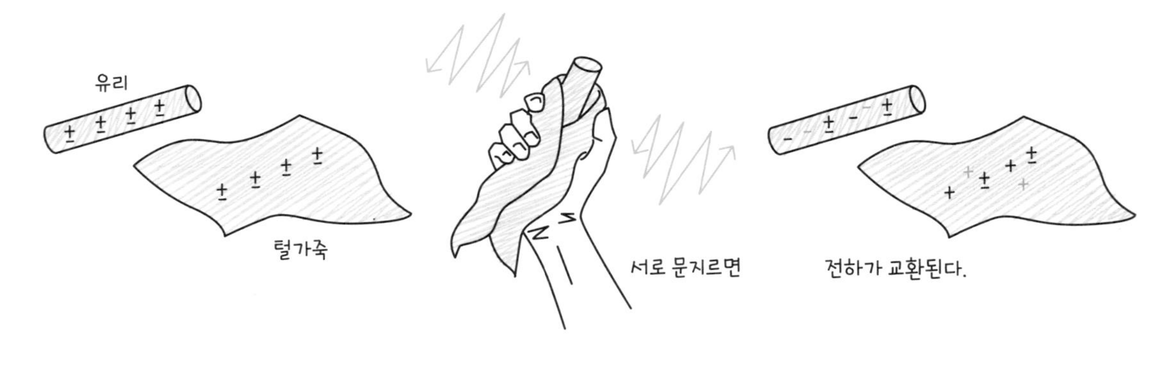

마찰에 의한 전하

두 절연 물질을 서로 문지르면 각각의 표면에서 전하가 교환된다. 그 결과, 표면은 서로 정반대의 전하를 띠게 된다.

대전서열

마찰에 의해 전하가 얼마나 쉽게 교환되는지를 기준으로 절연체나 전도체를 순서대로 나열한 것을 '대전서열'이라고 한다. 이 순서는 전자를 잃어 양전하를 띨 가능성이 높은 물질부터 전자를 얻어 음전하를 띨 가능성이 높은 물질까지 나열한 것이다. 털가죽, 유리, 운모, 비단, 종이, 면직물, 목재, 플라스틱, 특정 금속, 황, 에보나이트 순이다.

순서가 앞쪽일수록 양전하가 되기 쉽고, 뒤쪽일수록 음전하를 띠기 쉽다. 유리 막대를 비단과 문지르면 양전하를 띠지만, 털가죽과 문지르면 음전하를 띠게 된다. 즉, 털가죽, 유리, 비단 순으로 양전하를 띠기 쉽다.

전류

전하가 한 곳에서 다른 곳으로 이동하는 것을 '전류'라고 한다. 전류의 방향은 전자가 실제로 이동하는 방향과 반대다. 이는 전자가 발견되기 전에 양전하가 이동하는 방향으로 전류의 방향이 정해졌기 때문이다. 전류는 크게 직류와 교류, 두 가지로 나뉜다.

직류

물질 내의 전자가 한 방향으로만 흐를 때 생기는 전류를 '직류'라고 한다.

교류

물질 내에서 이동하는 전자가 정해진 시간 간격으로 진동할 때 생기는 전류를 '교류'라고 한다.

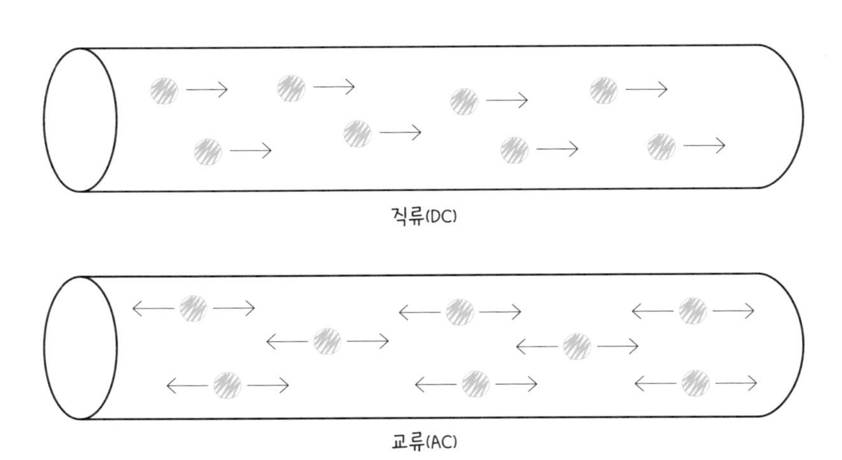

직류와 교류

전류는 전하의 흐름이다. 직류는 전하가 한 방향으로만 흐르고, 교류는 전하의 방향이 주기적으로 바뀐다.

저항

전류가 흐를 때 그 흐름이 방해되는 정도를 '저항'이라고 한다. 전류가 물질을 통과하면서 전자가 다른 입자와 부딪칠 때 저항이 생기는데, 이 부딪침 때문에 전류가 흐르는 속도가 느려지며, 그 정도를 '전기 저항'이라고 한다. 전자 기기에서 열이 발생하는 이유도 이 부딪침 때문이다.

정전기력

두 개의 물체가 전하를 띠고 있을 때, 이들 사이에 작용하는 힘을 '정전기력'이라고 한다. 정전기력에는 두 전하가 반대일 때 서로 끌어당기는 힘(인력)과, 두 전하가 같을 때 서로 밀어내는 힘(척력)이 있다. 이 힘은 쿨롱의 법칙에 따라 계산되며, '쿨롱의 힘'이라고도 불린다.

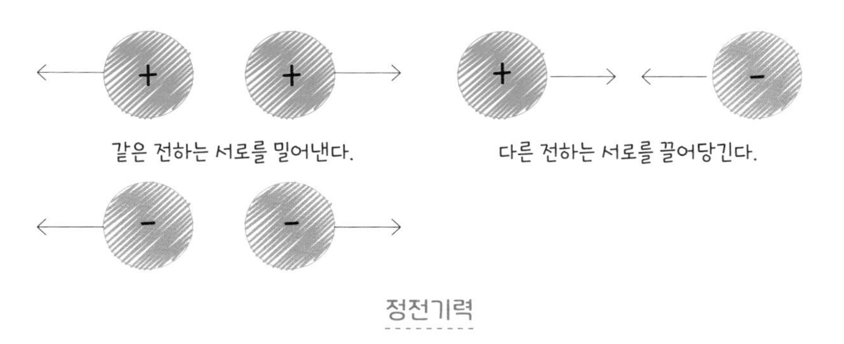

정전기력

전하를 띤 물체 사이에는 인력이나 척력이 발생한다. 이를 정전기력이라고 한다.

쿨롱의 법칙

1785년에 프랑스의 물리학자 C. A. 쿨롱이 비틀림 저울 실험을 통해 발견한 법칙이다. 이 법칙은 두 전하 사이의 전기력에 관한 기본 법칙이다. 두 전하 사이의 전기력은 두 전하를 잇는 직선 방향으로 작용한다.

전기력의 크기는 두 전하 사이의 거리가 멀어질수록 작아지고(거리의 제곱에 반비례), 전하량이 많을수록 커진다(두 전하량의 곱에 비례). 이 전기력의 크기를 결정하는 상수를 '쿨롱 상수'라고 한다.

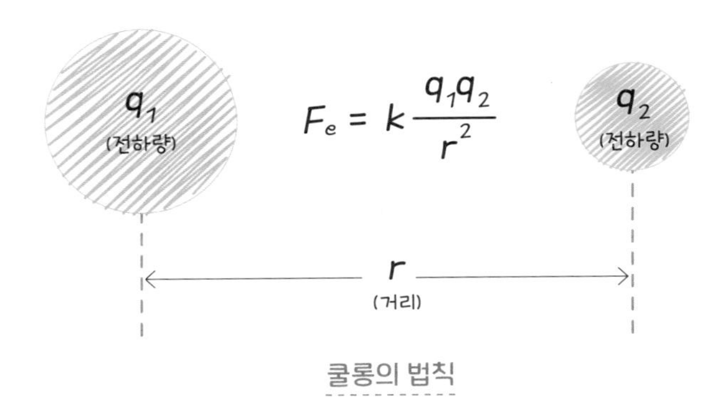

쿨롱의 법칙

쿨롱의 법칙은 전자기 분야에서 뉴턴의 중력 법칙과 비슷하다. 이 법칙에 따르면, 전하를 띤 두 물체 사이의 힘은 전하량의 곱에 비례하고, 두 물체 사이 거리의 제곱에 반비례한다.

전기장

전하가 있는 물체 주변에 생기는 힘인 전기력이 미치는 공간을 전기장이라고 한다.

전기장 방향은 그 지점에 양전하를 놓았을 때 양전하가 받는 힘의 방향과 같다. 전기장의 세기는 전기력선의 밀도로 알 수 있다. 좁은 공간에 전기력선이 많이 모여 있으면, 그곳의 전기장이 강하다는 뜻이다.

전위차(전압)

전기적 위치 에너지를 '전위'라고 하고, 두 지점 사이의 전위 차이를 '전위차'라고 한다. 물이 높은 곳에서 낮은 곳으로 흐르는 것처럼, 양전하는 전위가 높은 곳에서 낮은 곳으로 이동한다. 이 전위차를 '전압'이라고도 한다. 전압이 클수록, 즉 전위차가 큰 지점에 있을수록 전하는 더 많은 전기 에너지를 가지며, 이는 높은 곳에서 떨어지는 물이 더 많은 에너지를 가지는 것과 같다. 반대로, 전압이 0이면 전위차가 없어 전류가 흐르지 않으며, 이는 높이 차이가 없으면 물이 흐르지 않는 것과 비슷하다.

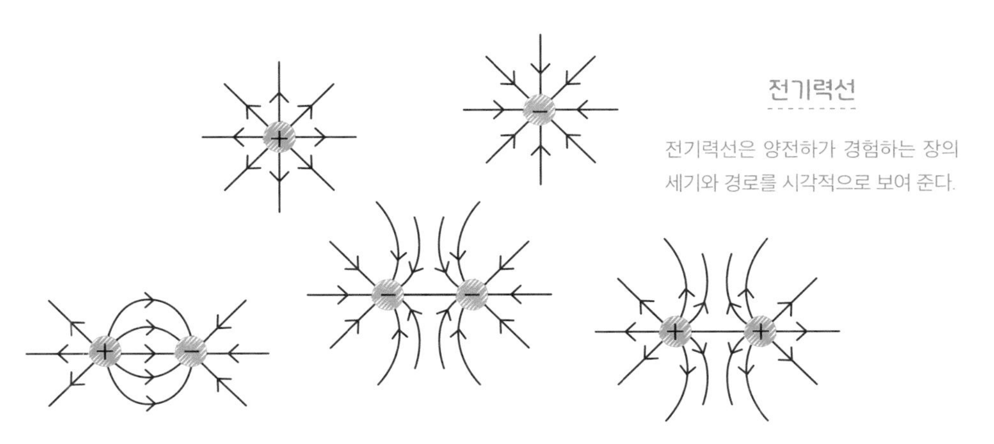

전기력선

전기력선은 양전하가 경험하는 장의 세기와 경로를 시각적으로 보여 준다.

자성

자성이란 자석이나 자성을 띠는 물체가 가진 특별한 성질을 말한다. 물체 원자 내 전자는 '자기 모멘트'라는 힘을 가지고 있으며, 이 자기 모멘트에서 자성이 만들어 진다.

자기 모멘트

자기 모멘트는 원자 안의 전자가 가지는 자기적인 성질이다. 전자는 회전하면서 자기 모멘트를 만들고, 서로 반대로 회전하는 전자끼리 짝을 이룬다.

하지만 짝을 이루지 않는 홀전자가 있으면, 이 전자는 외부 자기장과 정렬되어 원자의 자성을 만들어 낸다. 홀전자가 많을수록 원자의 자성은 더욱 강해진다. 자기 모멘트들이 모두 같은 방향으로 정렬될 때 자석의 자성이 강해진다.

자기력

자기력은 자석이 서로 끌어당기거나 밀어내는 힘이다. 자석의 양 끝부분에서 이 힘이 가장 강하게 나타나며, 이 부분을 자

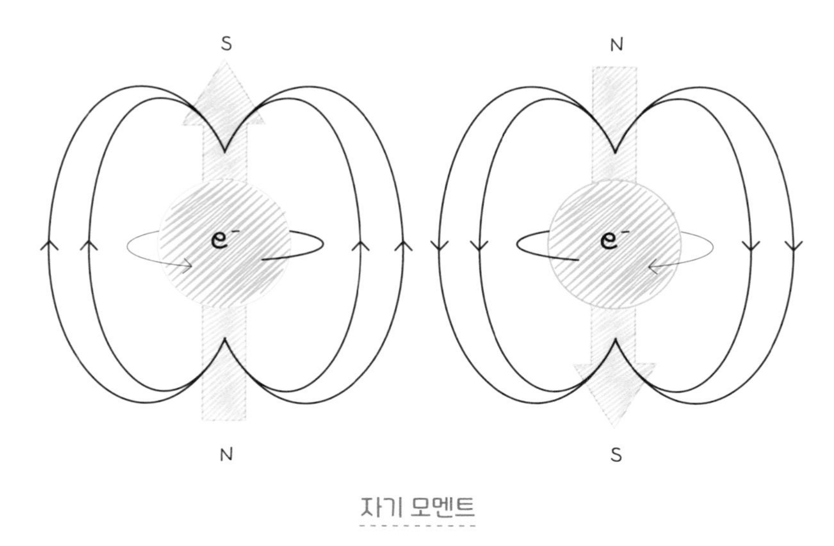

자기 모멘트

자기 모멘트는 원자 내의 입자가 가진 속성으로, 입자가 자기장 안에서 어떻게 반응하는지를 결정한다.

극이라고 한다. 자극은 N극과 S극으로 나뉜다. 자기력은 서로 다른 극끼리는 끌어당기고 같은 극끼리는 밀어낸다.

자기장

자기력이 미치는 범위를 '자기장'이라고 한다. 자기장은 보이지 않지만, 자석이 있는 공간에서 자기력이 어떻게 작용하는지를 설명하는 개념이다. 자석의 N극에서 나와 S극으로 향하는 방향으로 자기장이 작용하며, 자석과 가까울수록 자기장은 더 강해진다. 자기장을 통해 자성을 가진 물체나 움직이는 전하가

전류와 자기장

전류가 흐를 때 전류가 흐르는 방향의 90° 각도로 자기장이 형성된다.

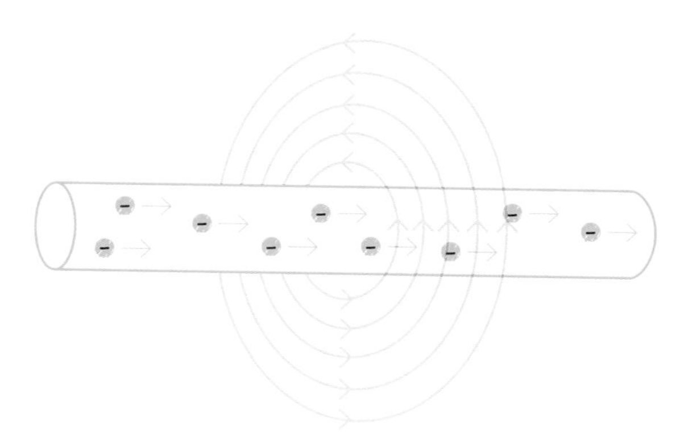

그 공간에 들어갔을 때, 작용하게 될 자기력의 크기와 방향을 계산할 수 있다.

상자성

물질이 자기장에 놓였을 때, 그 물질 내의 홀전자의 자기 모멘트가 자기장과 같은 방향으로 약하게 정렬되는 성질이다. 외부 자기장이 있을 때 상자성 물질은 자석처럼 행동하지만, 자기장이 없어지면 다시 원래대로 돌아가 자석에 끌리지 않게 된다. 전자가 홀수 개인 대부분의 원소나 분자에서는 상자성이 나타나며, 자기장이 있을 때만 약한 자성을 띤다.

철, 니켈, 코발트 같은 물질은 자석에 더 강하게 끌리며, 이런 물질을 강자성 물질이라고 한다. 강자성 물질은 자기장 속에서 자기 모멘트가 더 강하게 정렬되어 상자성 물질보다 훨씬 강한 자성을 띤다.

강자성 물질

외부 자기장이 없어도 스스로 자석과 같은 성질을 띠는 물질을 강자성 물질이라고 한다. 강철과 같이 단단한 경질 자성 물질은 자성을 오랫동안 유지한다.

반면에 부드러운 연질 자성 물질은 외부 자기장이 없어지면 쉽게 자성을 잃는다. 단단한 강자성 물질은 매우 높은 온도로 가열하거나 강한 충격을 주어야 자성이 없어지고, 연질 자성 물질은 가볍게 두드리거나 약간의 열만 가해도 자성을 잃는다.

영구 자석 물질

영구 자석 물질은 항상 자석의 성질을 유지하며, 극의 위치가 변하지 않는다. 이런 자석은 주로 경질 자성 물질로 만들어진다. 우리가 흔히 사용하는 일반적인 자석이 영구 자석에 해당한다.

반자성

어떤 물질에 자기장이 작용하면, 그 물질의 원자 속 전자들이 자기장에 맞춰 움직인다. 이렇게 되면 원자 주위에 작은 자기장이 생기고, 이 자기장은 외부 자기장과 반대 방향으로 정렬되어 자기장을 밀어낸다.

이런 현상을 '반자성'이라고 하며, 대부분의 물질에서 일어난다. 하지만 상자성보다 훨씬 약하므로 상자성이나 강자성이 있을 경우 관찰되지 못한다. 1997년에는 초전도체 위에 개구리를 띄우는 실험으로 물 분자의 반자성을 증명했다.

전자석

전자석은 전류가 흐를 때만 자성을 띠는 장치다. 전류가 흐르는 전선은 주변에 자기장을 발생시키며, 이 전선을 여러 번 감아 코일을 만들면 더 강한 자기장이 생성된다. 코일에 전류가 흐를 때만 자기장을 만들기 때문에, 전자석은 전류의 흐름에 따라 자성을 띠거나 잃을 수 있다.

전자석의 코일 중심에 철 같은 강자성 물질을 넣으면, 철의 자기 모멘트가 코일에서 생성된 자기장과 정렬된다. 이 때문에 자기장이 더욱 강력해지며, 전자석의 성능이 향상된다. 전자석은 전류의 세기, 코일의 감긴 횟수, 그리고 중심에 놓인 물질에 따라 자기장의 강도를 조절할 수 있어 다양한 응용 분야에서 사용된다.

앙페르 법칙

1822년에 프랑스의 물리학자 앙페르가 발표한 법칙이다. 이 법칙에 따르면, 전류가 흐르는 도선 주위에는 자기장이 생긴다. 이 자기장은 도선 주위에서 원형으로 퍼지며, 전류가 흐르는 방향에 수직한 면에서 나타난다. 전류와 자기장의 방향 관계는 오른쪽으로 돌리는 나사못의 회전 방향에 따른 진행 방향과 같아서 '오른나사의 법칙'이라고도 불린다.

전류가 흐르는 도선이 받는 힘

전류가 흐르는 도선이 받는 힘을 이용하면 전기 에너지를 운동 에너지로 바꿀 수 있다. 전선을 여러 번 감아서 만든 코일은 자기장을 만들어 내고, 이 자기장이 자석의 자기장과 상호 작용하여 코일을 회전시킨다.

전류가 흐르는 도선이 받는 힘

전류가 흐르는 전선을 감은 코일에서는 자기장이 생성된다. 이 자기장은 영구 자석의 자기장과 상호 작용하여 돌림힘을 발생시킨다.

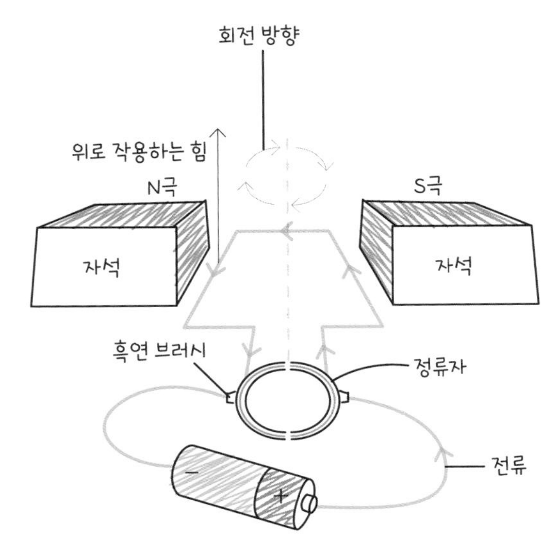

전자기 유도

전자기 유도는 자석과 코일이 움직일 때 전기가 생기는 현상이다. 자석을 코일 주위에서 돌리면, 코일을 통과하는 자기력선의 수가 변하면서 코일에 전류가 흐르게 된다. 이 원리는 전기를 만드는 데 사용된다.

발전기

발전기는 자석이나 코일이 돌면 전기가 발생하는 전자기 유도의 원리를 이용해 전기를 만들어 내는 장치다. 발전기의 자석이나 코일은 여러 가지 방법으로 돌릴 수 있는데, 바람이나 파도의 힘을 이용할 수도 있고, 물을 끓여서 나오는 수증기의 힘을 사용할 수도 있다. 물을 끓이는 에너지는 태양열 같은 재생 가능한 자원이나 석탄, 석유 같은 재생 불가능한 자원을 이용해서 얻는다.

패러데이 법칙

영국의 물리학자 마이클 패러데이가 발견한 법칙이다. 이 법칙은 자기장이 변할 때 만들어지는 전위차와 전류 세기의 관계를 설명한다. 자기장이 빠르게 변할수록 더 큰 전위차가 발생한다. 자기장이 두 배로 빨리 변하면 전위차도 두 배로 커진다.

자기력선 수(자기력선속)의 변화 속도를 두 배로 늘리는 방법은 여러 가지가 있다. 첫째, 자기장이 통과하는 전선의 단면적을 두 배로 늘린다. 둘째, 전선의 이동 속도를 두 배로 빠르게 한다. 셋째, 자기장이 움직이는 속도를 두 배로 증가시킨다. 넷째, 자기장의 세기를 두 배로 강하게 한다.

패러데이 법칙은 에밀 렌츠의 법칙과 함께 알아 두면 좋다. 렌츠는 전위차가 자기력선속의 변화에 반발하는 방향으로 발생한다고 말한다. 즉, 유도 전류로 인한 자기장이 전선을 통과하는 자기력선속의 변화를 상쇄시키는 방향으로 발생한다는 뜻이다.

로런츠 힘

헨드릭 로런츠가 만든 법칙으로 전기장과 자기장이 함께 작용할 때 전하를 가진 물체가 받는 힘을 설명한다. 이 법칙을 통해 전기장과 자기장이 동시에 작용할 때 물체가 받는 힘의 방향과 크기를 알 수 있다.

자기장 속에서 움직이는 전류가 받는 힘의 방향을 쉽게 이해하기 위해 플레밍은 두 가지 법칙을 제안했다. 첫째는 '왼손 법칙'이다. 왼손을 펼쳐서 엄지손가락, 집게손가락, 가운뎃손가락이 서로 직각으로 놓이게 한

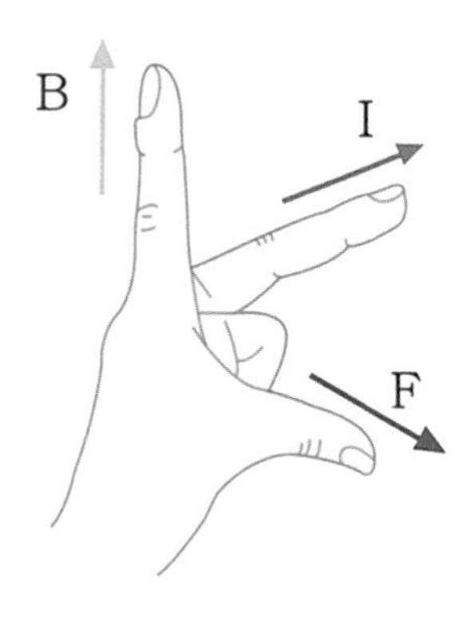

플레밍의 왼손 법칙

플레밍의 왼손 법칙은 왼손의 엄지, 집게손가락, 가운뎃손가락이 각각 힘, 자기장, 전류의 방향을 나타내는 법칙으로, 도선이 자기장에서 받는 힘의 방향을 알아내는 데 사용된다.

다. 이때 엄지손가락은 힘(F)의 방향을 나타내고, 집게손가락은 자기장(B)의 방향, 가운뎃손가락은 전류(I)의 방향을 나타낸다. 둘째는 '오른손 법칙'이다. 오른손을 펼쳐서 엄지손가락이 전류(I)의 방향을, 나머지 손가락은 자기장(B)의 방향을 가리키도록 한다. 이때 손바닥이 향하는 방향이 힘(F)의 방향을 나타낸다.

이 두 법칙을 사용하면 자기장 속에서 운동하는 전하에 작용하는 힘의 방향을 쉽게 알 수 있다.

맥스웰 방정식

전기와 자기에 관한 여러 실험 결과를 종합하여 만든 방정식이 맥스웰 방정식이다. 이 방정식은 앙페르 법칙, 패러데이 법칙 등 여러 법칙을 바탕으로 만들어졌다. 맥스웰은 전기장과 자기장이 실제로는 같은 물리적 현상의 두 측면임을 증명했다. 이 두 개의 장이 함께 진동하여 전자기파라는 파동을 형성한다는 사실을 밝혀낸 것이다. 맥스웰은 여러 실험을 통해 이 파동의 속도가 빛의 속도와 같다는 것을 증명했고, 빛이 전자기파임을 발견했다.

전자기파

전자기장과 자기장의 세기가 주기적으로 변할 때, 서로 유도

하여 공간으로 퍼져 나가는 파동을 전자기파라고 한다. 이는 물 위에 물결이 퍼져 나가는 것과 비슷하다. 주기적으로 진동하는 전자가 진동하는 전기장을 만들어 내고, 이 전기장 파동이 공간으로 퍼져 나간다. 맥스웰의 방정식에 따르면, 변화하는 전기장은 변화하는 자기장을 만들고, 변화하는 자기장이 다시 새로운 전기장을 유도한다. 이렇게 전기장과 자기장이 서로 영향을 주며 퍼져 나가는 것이 전자파의 원리다.

전자기파 스펙트럼

모든 범위의 전자기파를 모아 진동수나 파장에 따라 나타낸 것을 전자기파 스펙트럼이라고 한다. 이 스펙트럼은 전자기파를 진동수와 파장에 따라 여덟 개의 주요 영역으로 나눈다. 이 영역들은 라디오파, 마이크로파, 적외선, 가시광선, 자외선, X선, 감마선으로 구분된다. 전자기파 스펙트럼을 이해하지 못했다면 우주에 대한 정보를 이해하지도, 현대의 많은 기술을 개발하지도 못했을 것이다. 전자기파는 현대 생활의 많은 부분을 지탱하고 있다.

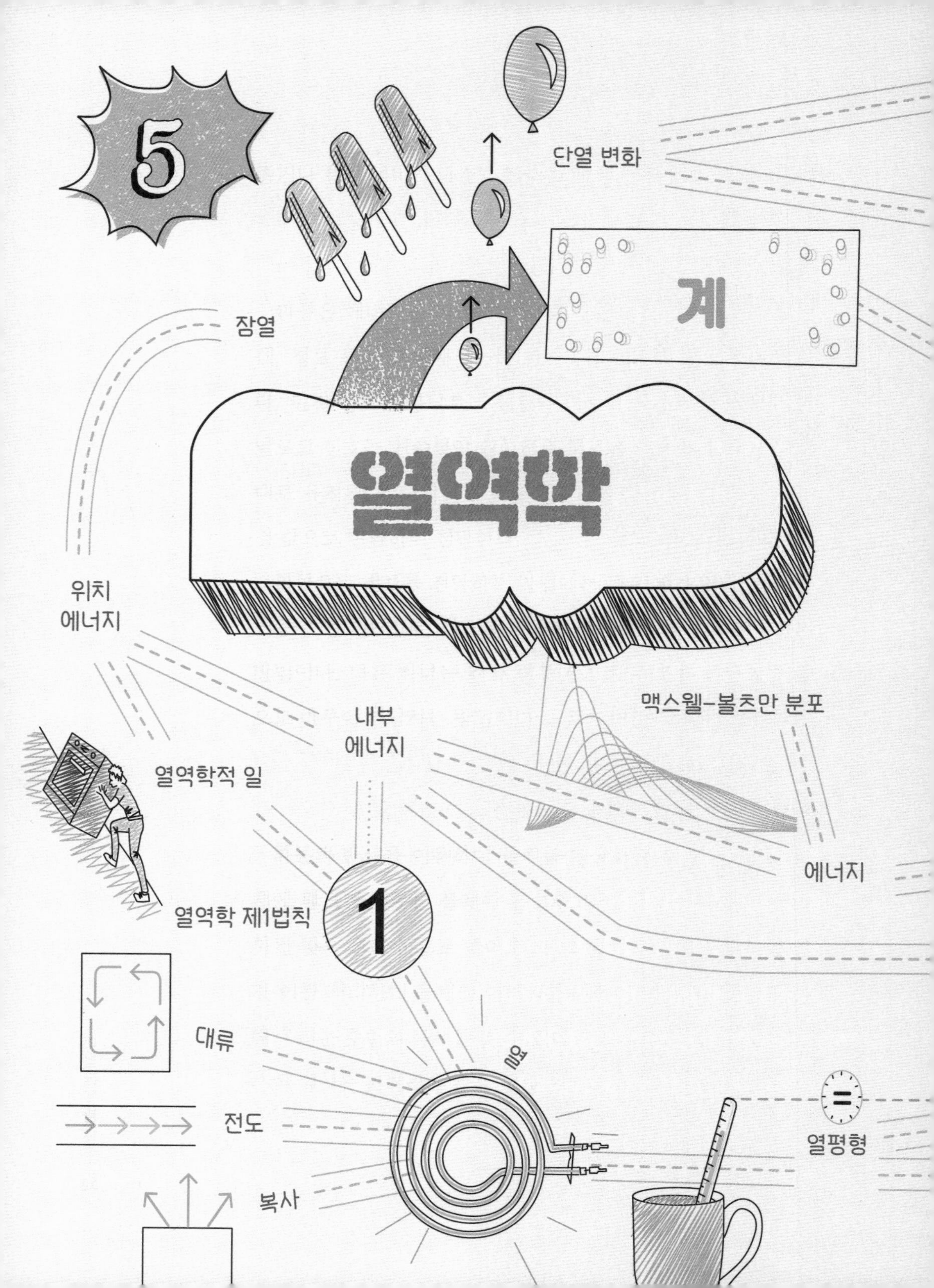
5
단열 변화
계
잠열
열역학
위치
에너지
내부
에너지
맥스웰-볼츠만 분포
열역학적 일
에너지
열역학 제1법칙
1
대류
열
전도
열평형
복사

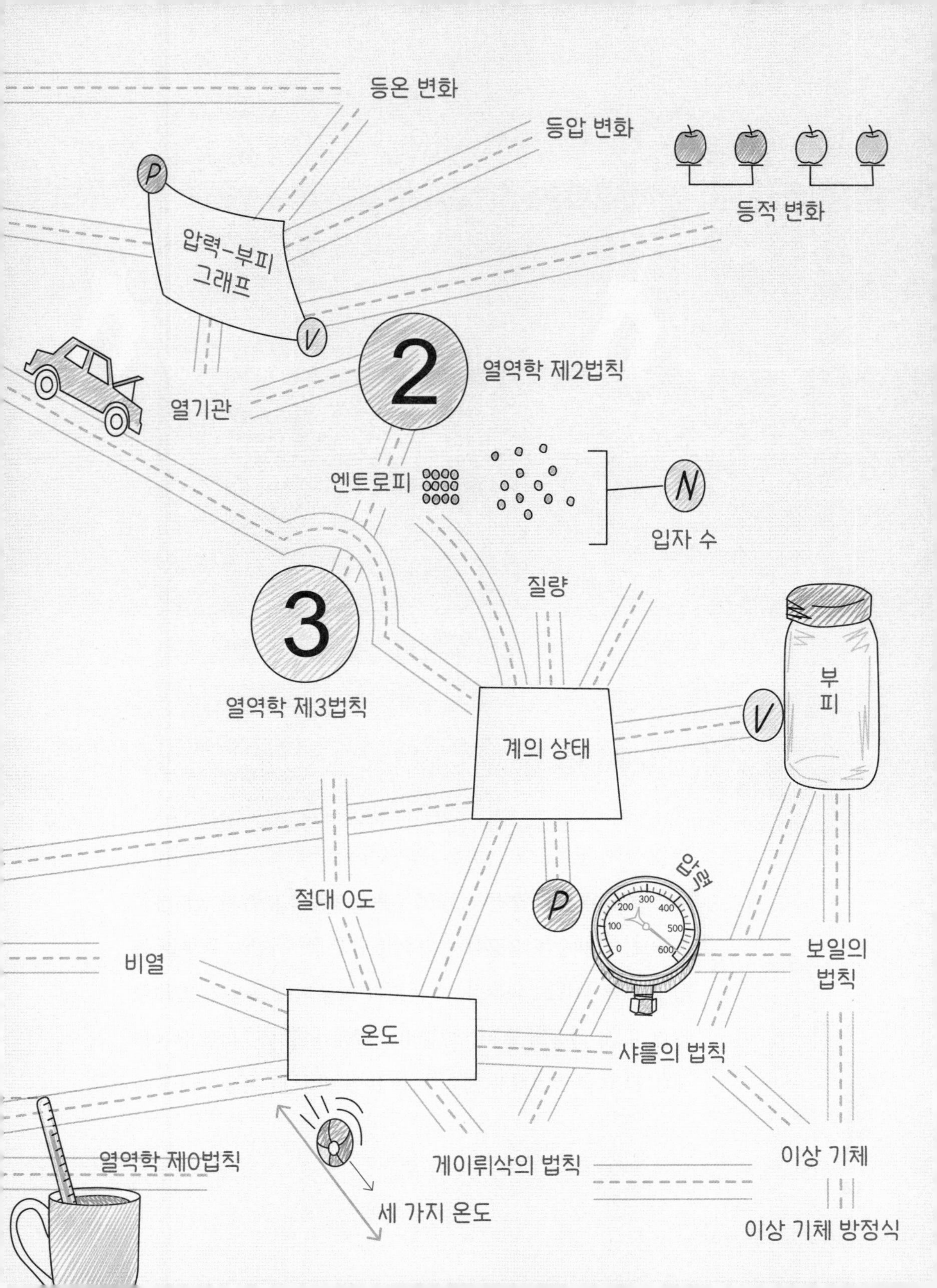
등온 변화
등압 변화
등적 변화
P
압력-부피
그래프
V
열기관
2
열역학 제2법칙
엔트로피
N
입자 수
3
질량
열역학 제3법칙
부
피
V
계의 상태
압력
P
절대 0도
200
300
400
100
500
0
600
보일의
법칙
비열
온도
샤를의 법칙
열역학 제0법칙
게이뤼삭의 법칙
이상 기체
세 가지 온도
이상 기체 방정식

열역학

열역학은 열과 에너지의 힘을 연구하는 학문이다. 열역학이라는 단어는 그리스어의 '열'과 '힘'을 뜻하는 단어에서 왔다. 이 분야는 19세기 증기 기관이 발명된 후 나타났고, 오늘날 물리학에서 중요한 역할을 한다. 열역학은 자연의 여러 신비로운 현상을 이해하는 데 도움을 준다. 또 온도, 에너지, 그리고 우주가 어떻게 변화하는지를 알려 준다.

계

열역학에서 계란 어떤 물질과 에너지를 담고 있는 공간을 말한다. 열린계는 물질과 에너지가 자유롭게 들어오고 나갈 수 있다. 예를 들어, 뚜껑이 없는 상자가 열린계다. 닫힌계는 물질은 밖으로 나가지 않지만, 에너지는 들어오고 나갈 수 있다. 풍선 안의 공기는 밖으로 나가지 않지만, 열은 풍선의 표면을 통해 이동할 수 있다. 고립계는 물질과 에너지가 모두 외부로 나가거나 들어오지 않는다. 보온병이 바로 고립계다. 병 안의 열이나 내용물이 밖으로 빠져나가지 않기 때문이다.

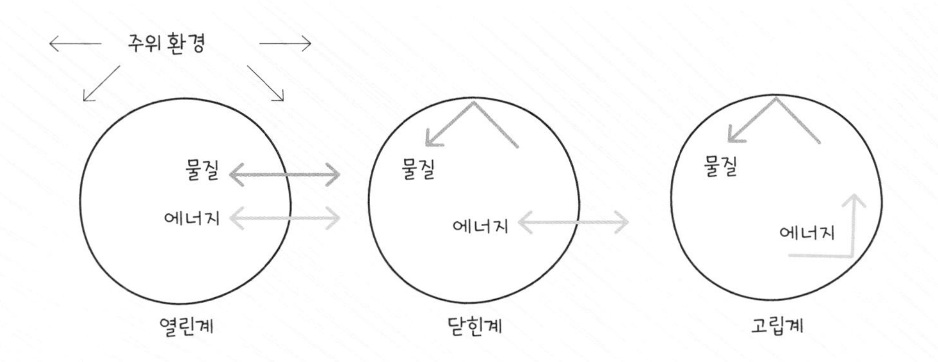

계

열린계는 물질과 에너지가 자유롭게 드나들고, 닫힌계는 에너지만 드나든다. 고립계는 물질과 에너지가 모두 드나들지 않는다.

질량

질량은 물질의 양을 나타낸다. 두 물체의 질량이 다르면, 그 물체들이 움직이는 방식도 달라진다. 질량은 물체의 무게와 관련이 있다.

입자 수

물질을 구성하는 입자의 수는 그 물질의 속성을 결정한다. 입자 수가 너무 많을 때는 '몰'이라는 단위로 측정한다.

부피

부피는 물질이 차지하는 공간의 크기다. 고체와 액체는 물질의 표면을 기준으로 부피가 정해지고, 기체는 담긴 용기의 크기에 따라 부피가 결정된다.

압력

압력은 물질의 경계면에 가해지는 단위 면적당 힘이다. 기체의 경우, 기체가 담긴 용기에 가해지는 힘으로 측정된다.

온도

온도는 물질의 차가움이나 뜨거움을 수치로 나타낸 것이다. 다양한 측정 방법에 따라 온도가 다르게 표현될 수 있다.

화씨온도

사람의 정상 체온을 96°F로 삼아 만든 온도 단위다. 물의 어는점은 32°F, 끓는점은 212°F로 정하고, 그 사이를 180등분해서 만든 온도 단위다.

섭씨온도

섭씨온도는 전 세계 대부분의 나라에서 사용하는 온도 단위다. 이 온도는 물이 얼 때를 0℃라고 하고, 물이 끓을 때를

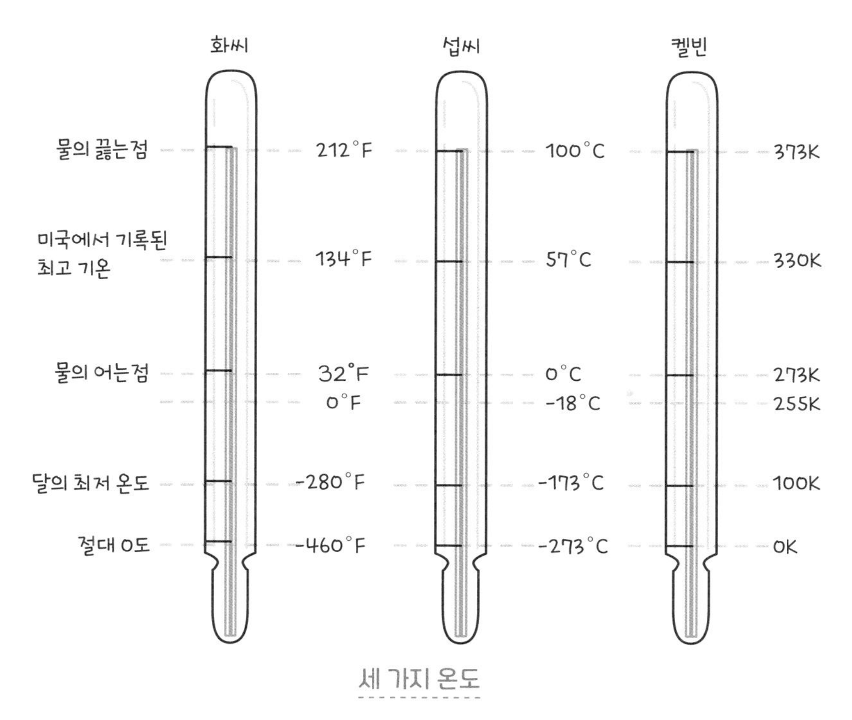

세 가지 온도

온도 척도는 다양한 물리적 현상을 기준으로 하여 만들어졌기 때문에, 같은 온도라도 숫자가 다르게 나타날 수 있다. 이 표에서는 숫자를 올림 하거나 내림 했다.

100℃로 삼는다.

절대온도

절대온도는 과학에서 표준으로 사용하는 온도 단위다. 0K는 가장 추운 온도로, 이 온도에서는 원자와 분자가 거의 움직이지 않는다. 절대온도에서의 온도 변화는 섭씨온도와 같아서, 물이 얼 때와 끓을 때의 온도 차이도 섭씨와 동일하다.

기체의 생애

기체는 압력, 부피, 온도가 서로 밀접하게 연결되어 있다. 이 관계를 이해하면 기체의 행동을 더 잘 알 수 있다. 예를 들어, 기체의 온도를 높이면 부피가 커지고 압력이 증가하는 등 다양한 변화가 일어난다. 이러한 원리를 통해 기체의 성질을 파악하고 활용할 수 있다.

보일의 법칙

보일의 법칙은 1662년에 로버트 보일이 제안한 법칙이다. 이 법칙에 따르면, 기체의 온도가 일정할 때 기체의 압력과 부피를 곱한 값은 항상 같은 숫자가 된다. 즉, 기체의 압력이 증가

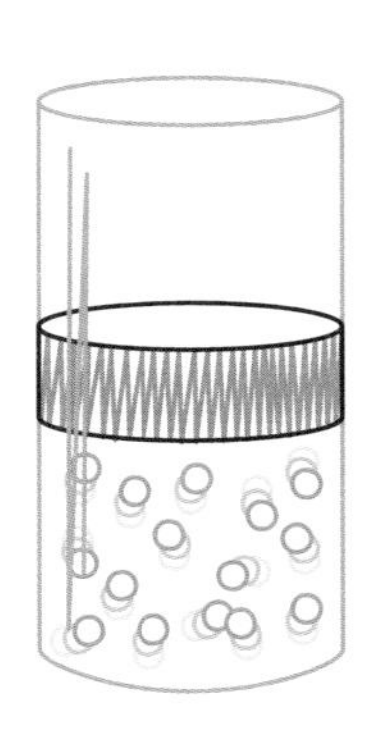

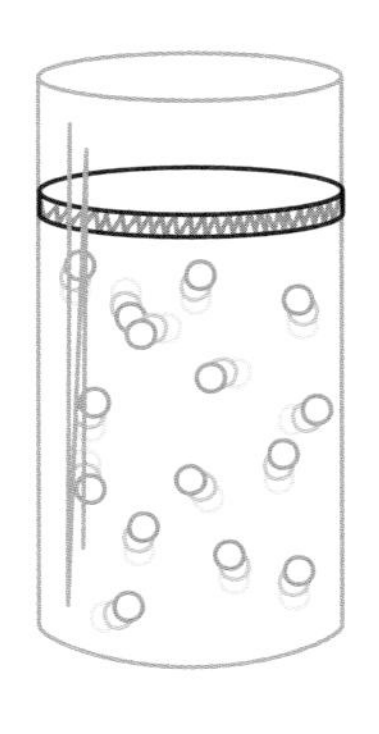

보일의 법칙

보일의 법칙에 따르면, 기체의 압력과 부피는 서로 반비례한다. 압력이 두 배로 증가하면 부피는 절반으로 줄어들고, 압력이 절반으로 줄어들면 부피는 두 배로 늘어난다.

하면 부피는 줄어들고, 압력이 감소하면 부피는 늘어난다.

샤를의 법칙

1787년에 프랑스의 물리학자 자크 샤를은 기체의 온도와 부피 사이의 관계를 연구했다. 샤를의 법칙에 따르면, 기체의 압력이 일정할 때 기체의 부피는 온도에 비례한다. 즉, 기체의 온도를 높이면 부피가 커지고, 온도를 낮추면 부피가 줄어든다.

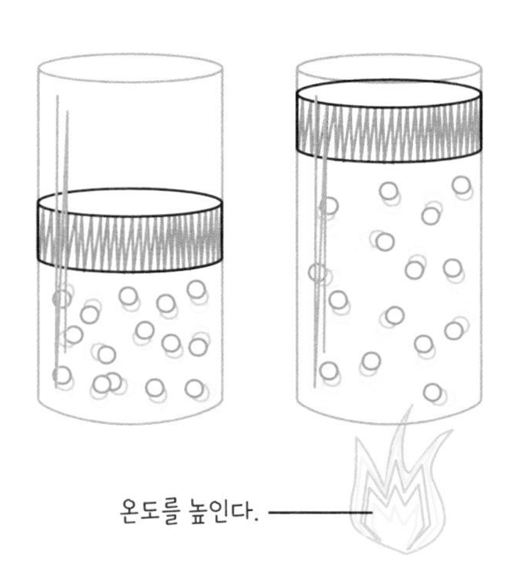

샤를의 법칙

샤를의 법칙에 따르면, 기체의 부피는 온도와 비례한다. 온도가 두 배로 상승하면 부피도 두 배로 증가한다.

게이뤼삭의 법칙

1802년에 프랑스 물리학자 루이 게이뤼삭은 샤를의 법칙을 재발견해서 자신의 법칙을 만들었다. 게이뤼삭의 법칙, 또는 압력의 법칙이라고 불리는 이 법칙은 기체의 압력과 온도 사이의 관계를 설명한다. 일정한 부피의 용기 안에 있는 고정된 양

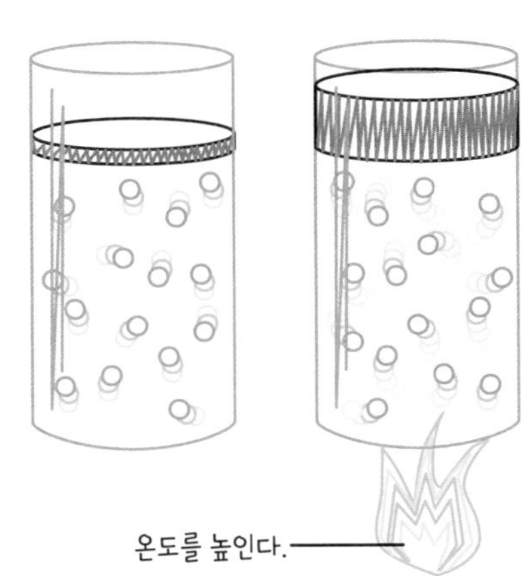

게이리삭의 법칙

게이리삭의 법칙에 따르면, 기체의 압력은 온도와 비례한다. 온도가 두 배로 오르면 압력도 두 배로 증가한다.

의 기체에서 압력과 온도는 서로 비례한다. 즉, 기체의 온도를 높이면 압력이 증가하고, 온도를 낮추면 압력이 감소한다.

이상 기체 방정식

보일의 법칙, 샤를의 법칙, 게이뤼삭의 법칙은 기체가 어떻게 행동하는지를 설명하는 중요한 법칙들이다. 이 법칙들을 바탕으로 기체를 '이상 기체'로 가정해서 기체의 상태를 설명하는

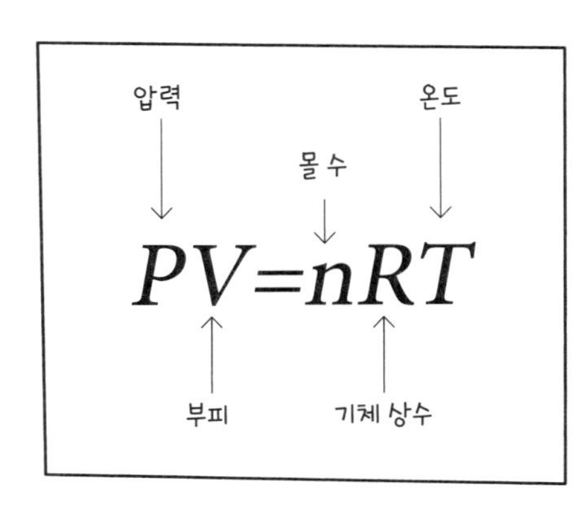

이상 기체 방정식

이상 기체 방정식은 기체의 압력, 부피, 온도 사이의 관계를 하나의 공식으로 설명한다.

간단한 공식이 있다.

이 공식은 기체가 완벽하게 이상적인 상태라고 가정한다. 즉, 기체 입자들이 서로 영향을 주고받지 않으며 충돌 과정에서 어떤 에너지도 잃지 않는다고 생각한다. 이 공식은 기체의 압력, 부피, 온도, 그리고 기체의 양이 어떻게 관련되어 있는지를 설명한다. 예를 들어, 기체의 온도를 높이면 압력이나 부피가 증가할 것이다. 기체의 양은 입자의 수로 측정되며, 보통 몰 단위로 표현된다.

절대 0도

열역학에서 가장 낮은 온도는 절대 0도이다. 절대 0도는 켈빈 온도 0K에 해당하며, 섭씨로는 -273.15°C, 화씨로는 -459.67°F다.

절대 0도를 이해하려면, 기체의 압력과 온도 관계를 그래프로 그려 보면 된다. 기체의 온도를 계속 낮추면, 압력이 점점 줄어들다가 0이 되는 지점이 있다. 이 지점이 절대 0도다. 절대 0도에서 압력이 0이 된다는 것은 모든 입자의 움직임이 멈춘다는 뜻이다. 그래서 이 상태에서는 기체의 상태가 입자들의 위치로만 결정된다.

열평형

닫힌 두 시스템이 서로 닿아 있으면 열이 서로 교환되다가 결국 같은 온도에 도달한다. 이 상태를 열평형이라고 한다. 예를 들어, 뜨거운 커피와 차가운 주변 공기가 있을 때, 커피는 열을 공기로 보내고, 공기는 열을 커피에서 받아들인다. 시간이 지나면 커피와 공기의 온도가 같아지며 열의 이동이 멈춘다. 이때 두 시스템은 열평형에 도달하게 된다.

열역학 제0법칙

열역학 제0법칙은 온도를 정의하는 중요한 법칙이다. 이 법칙에 따르면 두 계가 각각 제3의 계와 열평형 상태에 있으면, 이 두 계 또한 서로 열평형 상태에 있다고 가정한다. 즉, 두 계의 온도는 같다고 말할 수 있다.

예를 들어, 방 안에 커피와 차가 있을 때, 커피와 차는 방과 열평형 상태에 도달한다. 시간이 지나면 커피와 차의 온도도 같아지며, 커피와 차를 직접 접촉시켜도 열이 이동하지 않는데, 두 음료가 이미 같은 온도이기 때문이다.

열역학적 일

열역학적 일은 힘이나 에너지가 작용해 기체 분자가 이동하도록 하는 것을 말한다. 기체가 들어 있는 상자가 있다고 생각

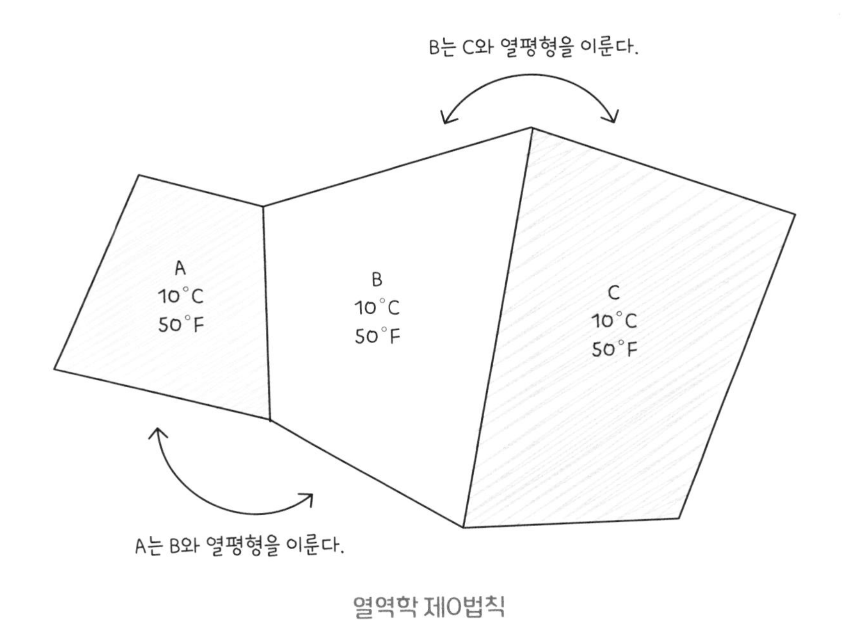

열역학 제0법칙

물체 B가 물체 A, 물체 C와 열평형을 이룬다면, 물체 A와 물체 C도 서로 열평형을 이룬다. 이 세 개의 물체는 모두 온도가 같다.

해 보자. 기체의 부피가 커지면 기체는 상자의 벽을 밀어내는 힘을 가하게 된다. 이때 기체가 상자를 밀어내면서 상자의 부피를 바꾸면, 기체는 일을 한 것이다.

이 '일'은 기체가 힘을 사용하여 에너지를 주변으로 이동시키는 방법을 나타낸다. 즉, 열역학적 일은 에너지가 어떻게 전달되는지를 설명하는 개념이다.

전도

열이 물체 안에서 직접 부딪히면서 전달되는 방식이다. 열을 가진 입자들이 서로 부딪치면서 에너지가 물체 전체로 퍼지게 된다.

대류

뜨거운 입자가 이동하면서 열을 전달하는 방식이다. 주로 액체나 기체에서 발생한다. 차가운 부분은 무거워서 아래로 가라앉고, 뜨거운 부분은 가벼워서 위로 올라간다. 이로써 열이 물질 안에서 이동하게 된다.

복사

열이 전자기파 형태로 전달되는 방식이다. 뜨거운 물체는 전

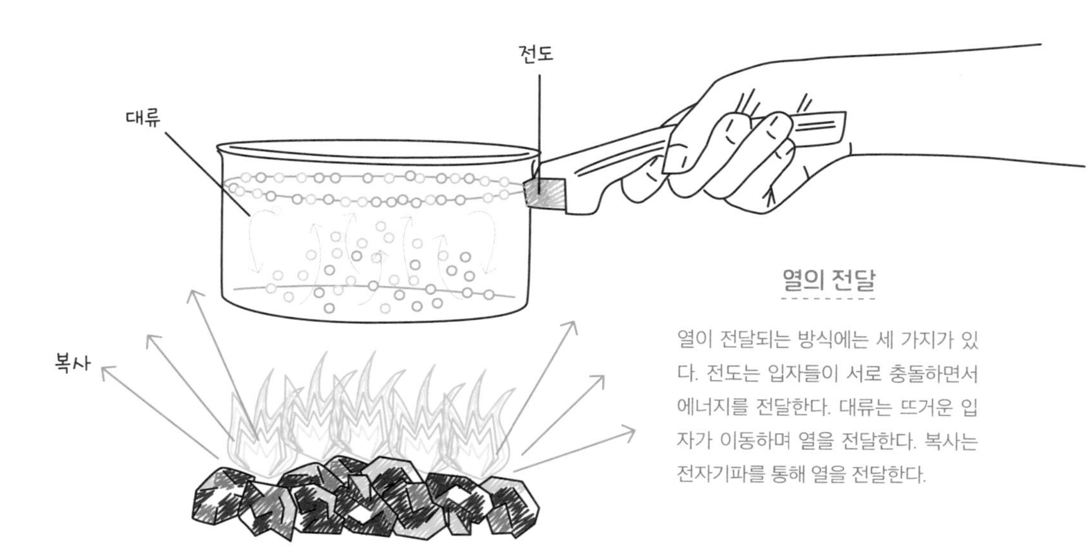

열의 전달

열이 전달되는 방식에는 세 가지가 있다. 전도는 입자들이 서로 충돌하면서 에너지를 전달한다. 대류는 뜨거운 입자가 이동하며 열을 전달한다. 복사는 전자기파를 통해 열을 전달한다.

자기파를 방출하고, 이 파동이 열을 전달한다. 대부분의 물체는 적외선 형태로 열을 방출한다.

열역학 제1법칙

열역학 제1법칙은 에너지가 사라지거나 새로 생기지 않고 다른 형태로 변하며 항상 보존된다는 법칙이다. 이 법칙에 따라, 물체에 열을 가하면 내부 에너지가 증가하고, 물체가 일을 하면 내부 에너지가 줄어든다.

쉽게 말해, 물체가 받은 열에서 물체가 주변에 한 일을 빼면 물체의 에너지 변화량이 된다. 여기서 '계가 당한 일'은 '+W'로 표시하는데, 이는 물체가 외부에서 에너지를 받은 것을 의미한다. 반면, '계가 주위 환경에 한 일'은 '-W'로 표시한다. 이는 물체가 에너지를 외부로 전달한 것을 의미한다.

$$\Delta U = Q - W$$

에너지 변화 공급된 열 한 일

내부 에너지

물질의 내부 에너지는 물질 안에 있는 모든 입자가 가진 에너지의 총합이다. 이 에너지는 입자들이 가진 운동 에너지와 위치 에너지의 합으로 나타난다. 입자들이 위치를 바꾸면 물질의 위치 에너지가 변한다. 예를 들어, 물질의 상태가 바뀔 때 입자의 위치나 힘이 크게 달라지면서 위치 에너지가 큰 폭으로 변할 수 있다.

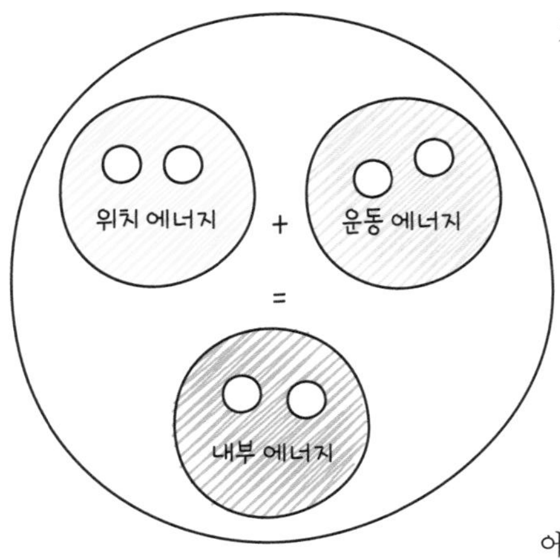

잠열

상태 변화를 일으키는 데 필요한 열에너지를 잠열이라고 한다. 융해열은 고체가 액체로 변할 때 필요한 열에너지다. 예를 들어, 얼음이 물로 변할 때 필요한 열이 융해열이다. 액체가 고체로 변할 때도 융해열이 풀려난다. 기화열은 액체가 기체로 변할 때 필요

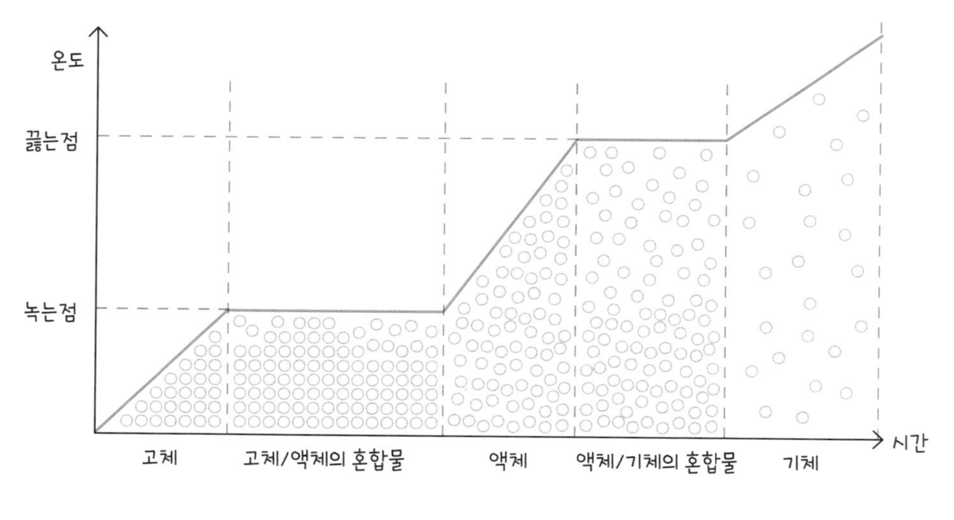

잠열

잠열은 물질의 상태가 변할 때 입자들의 위치 에너지를 변화시키는 데 필요한 에너지다.

한 열에너지다. 말하자면 물이 끓어 수증기로 변할 때 필요한 열이 기화열이다. 반대로 기체가 액체로 변할 때 기화열이 방출된다.

비열

열이 물질에 전달되면, 물질의 입자들이 더 빨리 움직여서 온도가 올라간다. 물질 1kg짜리의 온도를 1도 올리는 데 필요한 열에너지를 비열이라고 한다. 비열은 물질마다 다르며, 물질의 종류와 구조에 따라 달라진다.

엔트로피

엔트로피는 계의 무질서한 정도를 나타낸다. 엔트로피가 낮으면 계가 질서 정연하고, 엔트로피가 높으면 에너지가 불규칙하게 분포된 상태다. 쉽게 말해, 물질이 잘 정돈되어 있으면 엔트로피가 낮고, 혼란스럽게 흩어져 있으면 엔트로피가 높다고 볼 수 있다.

열역학 제2법칙

열역학 제2법칙은 자연에서 에너지가 어떻게 움직이고 변하는지를 설명하는 중요한 법칙이다. 이 법칙에 따르면, 시간이 지나면서 계의 무질서함, 즉 엔트로피가 증가하는 경향이 있다. 예를 들어, 뜨거운 물체와 차가운 물체가 가까이 있으면, 뜨거운 물체의 열이 차가운 물체로 이동해서 두 물체의 온도가 같아진다. 이때 엔트로피가 증가한다.

결국, 열역학 제2법칙은 자연이 점점 더 무질서해지려는 경향이 있다는 것을 말해 준다.

열역학 제3법칙

열역학 제3법칙은 절대 0도와 엔트로피의 관계를 설명한다. 절대 0도에 가까워질수록 입자들의 움직임이 줄어들고, 엔트로피는 낮아진다. 이론적으로 절대 0도에서는 엔트로피가 0이 된다. 온도가 높을수록 입자들이 더 활발하게 움직여 엔트로피가 증가하며, 기체의 부피가 크거나 입자 수가 많을수록 엔트로피가 더 높아진다.

이상 기체

열역학에서는 대부분 이상 기체를 가정한다. 이상 기체는 입자 간에 힘이 작용하지 않으며, 따라서 내부 에너지가 입자의 운동 에너지로만 구성된다. 이러한 이상 기체로 입자 수준에서 뉴턴의 운동 법칙을 적용해 열역학 법칙을 설명할 수 있다.

이 운동론에서는 입자를 매우 단순화하여, 입자들은 크기가 매우 작고 동일한 질량을 가진다고 가정한다. 기체의 압력은

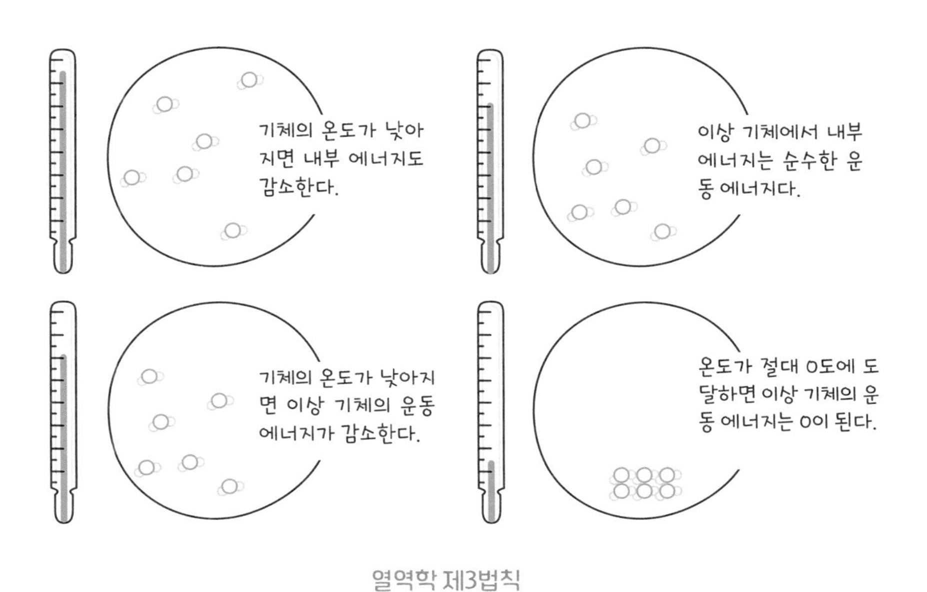

열역학 제3법칙

절대 0도에 가까워지는 물체는 거의 움직이지 않는다. 이때 물체의 엔트로피는 매우 낮아지며, 더 이상 에너지가 아닌 물체의 배열로만 정의된다.

입자들이 용기 벽에 부딪혀 가하는 힘으로 설명되며, 압력과 부피는 입자의 평균 운동 에너지와 연관된다.

맥스웰-볼츠만 분포

1860년, 영국의 물리학자 제임스 클러크 맥스웰은 운동론의 법칙을 이용해 이상 기체 속에서 입자가 특정 속도를 가질 확률을 계산하는 방정식을 유도했다. 이 속도 분포는 기체의 온도에 따라 달라진다. 12년 후, 오스트리아의 물리학자 루트비히 볼츠만은 뉴턴의 역학을 이용해 동일한 속도 분포를 유도했으며, 모든 계가 시간이 지남에 따라 이 분포로 변화한다는 사실을 증명했다. 이 분포는 오늘날 맥스웰-볼츠만 분포라고 불리며, 특정 온도에서 입자들이 가지는 다양한 속도와 에너지 분포를 보여 준다.

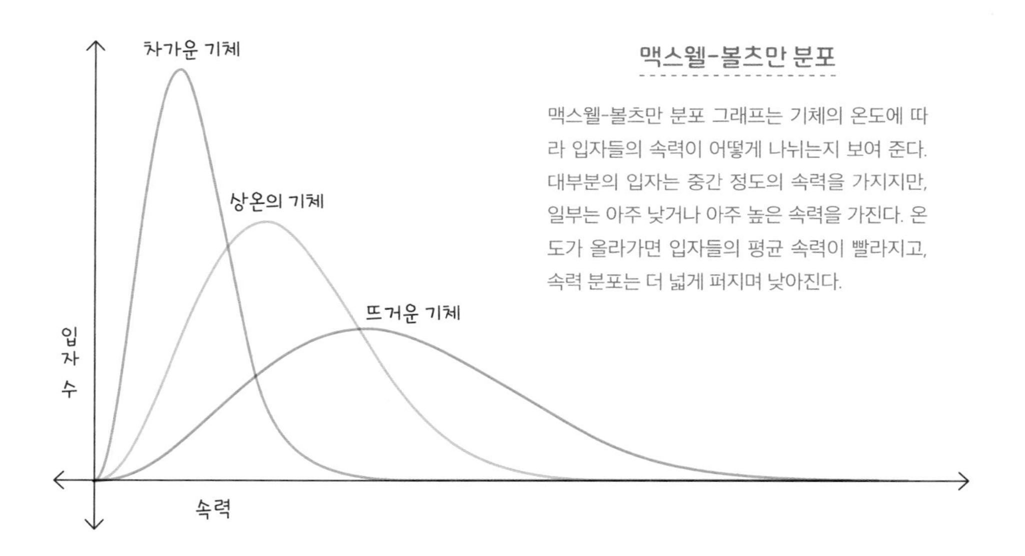

열기관

열기관은 열을 이용해 일을 하는 기계다. 열기관은 뜨거운 곳에서 열을 받아서 일을 하고, 그 후 차가운 곳으로 열을 보내는 방식으로 작동한다.

열기관이 얼마나 일을 잘 할 수 있는지는 두 가지 법칙에 따

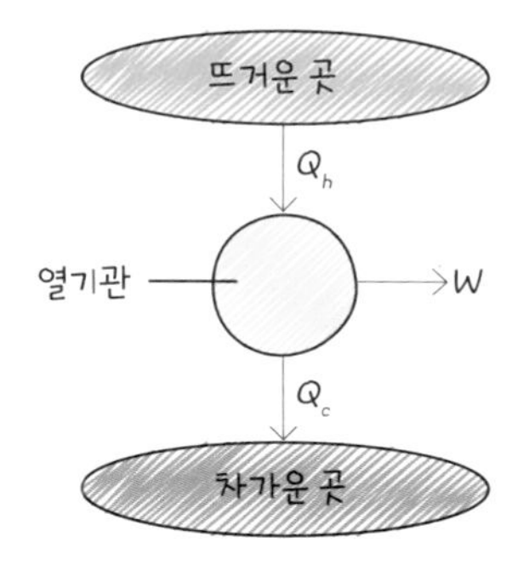

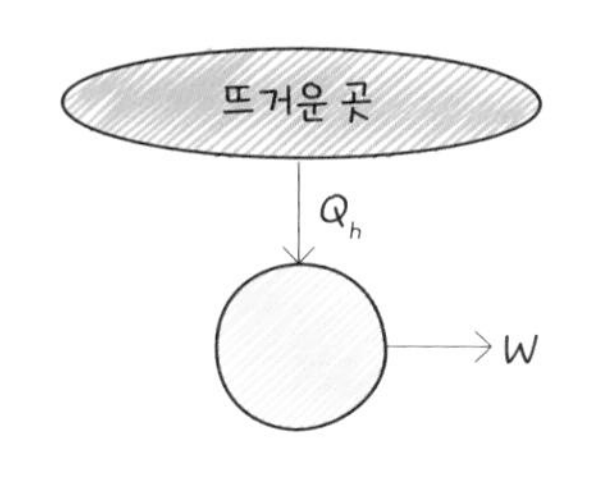

열기관

열기관은 뜨거운 곳에서 차가운 곳으로 열을 이동시키면서, 그 과정에서 일을 하는 장치다.

라 결정된다. 첫째, 열역학 제1법칙은 에너지가 사라지거나 새로 생기지 않고 그대로 보존된다고 말한다. 그래서 열기관이 받은 열에너지가 얼마나 일을 할 수 있는지를 결정한다. 둘째, 열역학 제2법칙은 열이 일을 할 때 얼마나 효율적으로 변환되는지를 설명한다.

압력-부피 그래프

압력-부피 그래프는 열기관의 작동을 이해하는 데 중요한 도구다. 압력-부피 그래프는 기체의 압력(P)과 부피(V)의 관계를 그래프로 나타내어, 열기관의 각 단계에서 기체가 어떻게 변하는지를 시각적으로 보여 준다.

기체의 변화에는 여러 가지 종류가 있으며, 각각의 변화는 압력-부피 그래프에서 다른 형태로 나타난다.

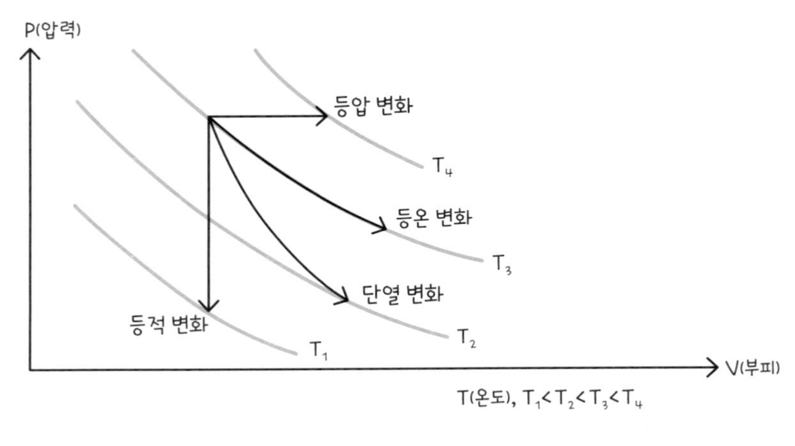

상태 변화

압력이 일정한 변화는 등압 변화라고 하며, 부피가 일정한 변화는 등적 변화라고 한다. 온도가 일정한 변화는 등온 변화, 열이 전달되지 않는 변화는 단열 변화다.

등압 변화

기체의 부피와 온도가 변하지만, 압력은 일정하게 유지된다.

등적 변화

기체의 부피는 일정하게 고정된 채 온도와 압력이 변화한다.

등온 변화

기체의 온도가 일정하게 유지되고, 부피와 압력이 변한다. 압력과 부피는 반비례한다.

단열 변화

단열 변화에서는 계가 열이나 물질을 주고받지 않는다. 이때 에너지 변화는 오직 계가 일을 하거나 당하는 것에 의해 발생한다.

6
파동-입자
이중설
이중 슬릿 실험
광전 효과
양자 역학
핵 물리학
현대 물리학
상대성 이론
시간 팽창
특수
상대성 이론
시공간
비관계성
길이 수축
웜홀
일반 상대성 이론
블랙홀

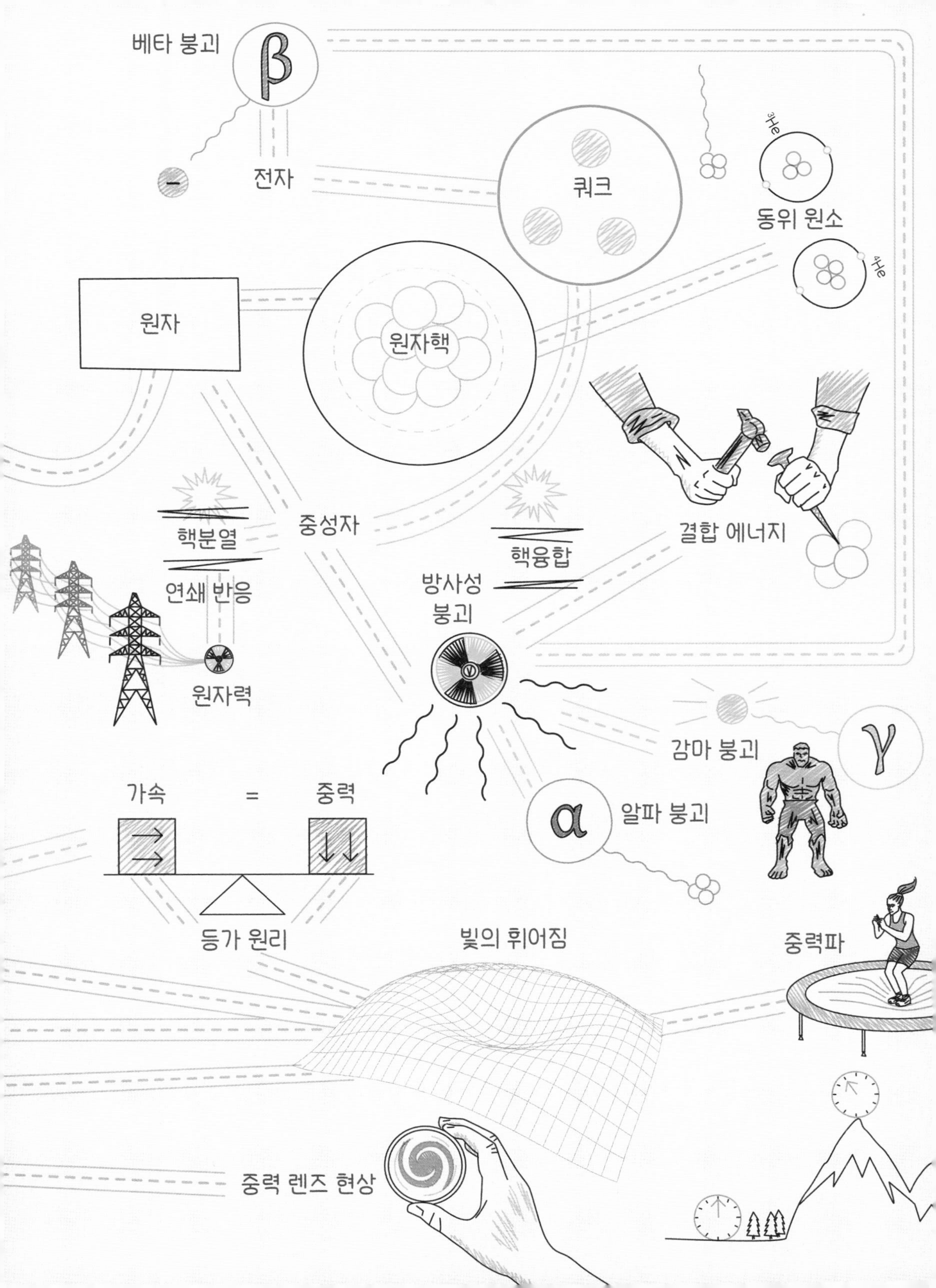

베타 붕괴
β
전자
쿼크
^{3}He
동위 원소
^{4}He
원자
원자핵
결합 에너지
중성자
핵분열
핵융합
연쇄 반응
방사성
붕괴
원자력
감마 붕괴
γ
가속
=
중력
α
알파 붕괴
등가 원리
빛의 휘어짐
중력파
중력 렌즈 현상

상대성 이론

갈릴레오 갈릴레이는 속도가 관찰자에 따라 다르게 나타난다는 사실을 발견했다. 그는 속도가 절대적이지 않고 상대적이라고 설명하며, 이를 바탕으로 갈릴레이 변환, 즉 갈릴레이의 상대성 원리를 정리했다. 이 원리는 물체의 운동을 이해하는 데 중요한 기초가 되었고, 후에 아인슈타인의 상대성 이론으로 발전하게 된다.

갈릴레이의 상대성 원리

갈릴레오 갈릴레이는 속도가 관찰자의 상태에 따라 다르게 보인다고 설명했다. 관찰자 A가 움직이는 상태에서 공을 위로 던지면 공은 직선으로 날아가는 것처럼 보인다. 반면, 정지해 있는 관찰자 B는 공이 포물선을 그리며 날아간다고 느낀다. 이는 두 관찰자가 서로 다른 기준에서 공을 관찰하고 있기 때문이다.

상대 운동

상대 운동은 두 물체가 서로 어떻게 움직이는지를 비교하는 개념이다. 물체의 속도는 관찰자가 기준으로 삼는 위치와 움직임에 따라 다르게 보인다. 예를 들어, 기차 안에 있는 사람은 같은 기차 안의 다른 사람이 볼 때 정지해 있는 것처럼 보인다. 하지만 기차 밖에 있는 사람은 자신이 서 있는 땅이 기준이기에 사람들이 기차와 함께 빠르게 지나가는 것처럼 보인다. 이처럼 상대 운동은 관찰자의 위치나 움직임에 따라 달라진다.

특수 상대성 이론

특수 상대성 이론은 1905년에 알베르트 아인슈타인이 제안한 이론이다. 이 이론은 물체의 속도가 어떻게 측정되는지를 설명한다. 아인슈타인은 물체의 속도를 절대적으로 알 수 없고, 다른 물체와 비교해야만 속도를 알 수 있다고 주장했다.

특수 상대성 이론의 중요한 두 가지 원칙은 다음과 같다. 첫째, 빛의 속도는 어떤 경우에도 항상 같다. 즉, 빛은 어느 기준에서 보더라도 같은 속도로 이동한다. 둘째, 서로 다른 속도로 움직이는 물체는 서로 다른 시간 흐름을 경험할 수 있다. 예를 들어, 두 사람이 서로 다른 속도로 이동할 때, 각자가 느끼는 시간이 다르게 흐를 수 있다.

아인슈타인은 로런츠 변환 공식을 사용하여 이런 변화를 설명했다. 이를 통해 그는 물체의 속도와 시간의 흐름이 서로 어떻게 연결되는지를 밝히고, 상대성 이론의 기초를 마련했다. 이 이론은 현대 물리학에 큰 영향을 미쳤으며, 우리가 우주를 이해하는 데 중요한 역할을 한다.

시공간

예전에는 모든 일이 3차원의 공간에서 일어나고, 시간은 그냥 흘러가는 것이라고 생각했다. 하지만 이제는 공간과 시간이 서로 깊이 연결되어 있다는 것이 밝혀졌다. 자연에서 일어나는 모든 일은 이 '시공간'이라는 무대에서 일어난다. 아인슈타인의 특수 상대성 이론은 우리가 공간과 시간을 이해하는 방법과 그것이 운동과 어떤 관계가 있는지를 설명해 준다.

시간 팽창

만약 빠르게 움직이는 우주선이 있다면, 우주선 안에서는 시간이 느리게 가는 것처럼 보인다. 이 현상을 '시간 팽창'이라고 한다. 시간이 늘어나는 이 현상은 지구에 있는 시계와 우주에 있는 인공위성의 시계를 비교한 실험으로 증명되었다. 인공위성의 시계는 지구에 있는 시계보다 실제로 느리게 움직인다. 따라서 GPS가 정확한 위치를 알려 주려면 인공위성의 시계를

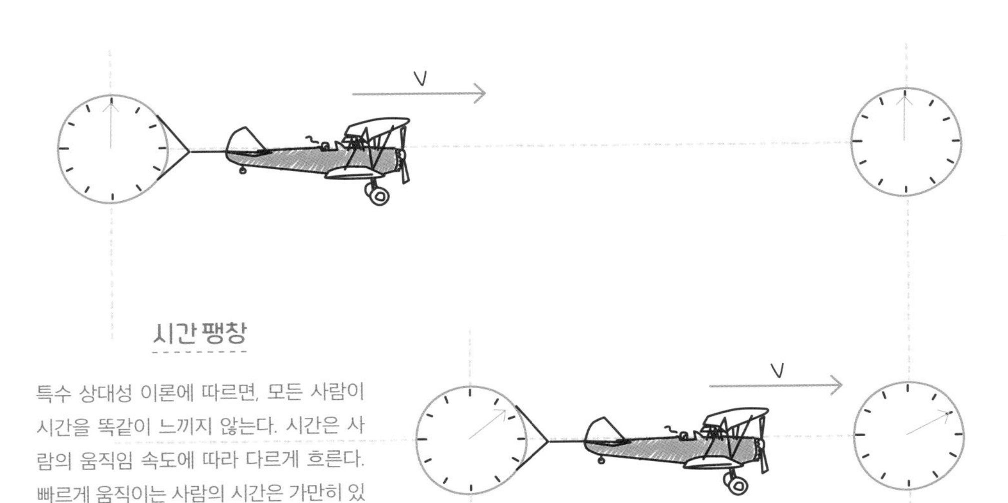

시간 팽창

특수 상대성 이론에 따르면, 모든 사람이 시간을 똑같이 느끼지 않는다. 시간은 사람의 움직임 속도에 따라 다르게 흐른다. 빠르게 움직이는 사람의 시간은 가만히 있는 사람의 시간보다 천천히 흘러가는 것으로 보인다.

조정해야 한다.

길이 수축

상대 속도로 운동하는 물체에서 나타나는 또 다른 신기한 현상은 '길이 수축'이다. 아주 빠르게 움직이는 물체는 움직이는 방향으로 짧게 보인다. 하지만 그 물체의 입장에서 보면, 자신은 아무것도 변하지 않았고, 오히려 다른 물체들이 짧아졌다고 생각할 것이다. 물체가 빠르게 움직일수록 관찰자에게 더 짧게 보인다. 하지만 물체가 움직이는 방향이 아닌 다른 방향에서는

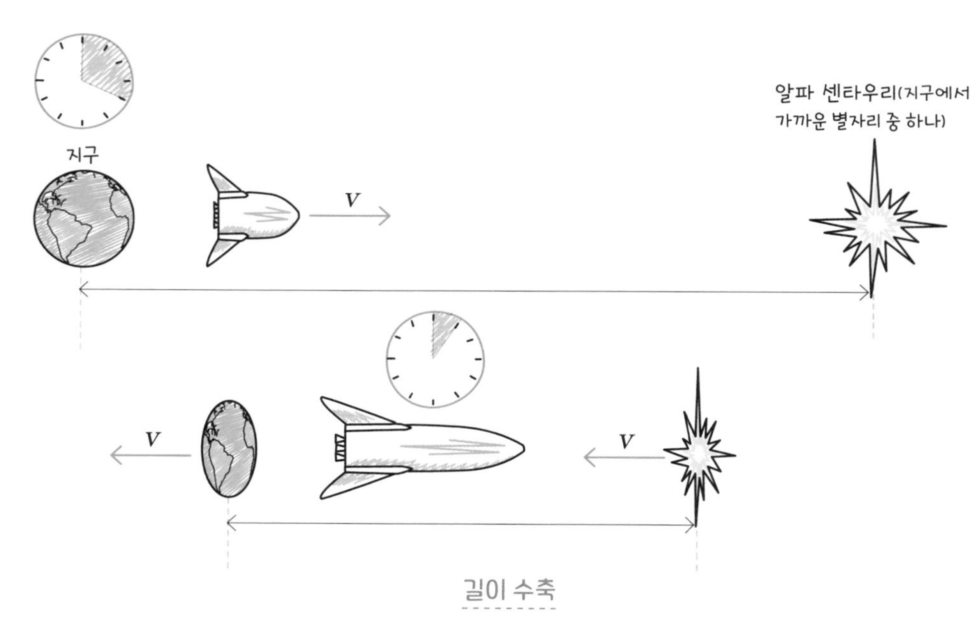

길이 수축

물체의 길이는 우리와 비교해 얼마나 빠르게 움직이느냐에 따라 달라진다. 특수 상대성 이론에 따르면, 물체가 움직이는 방향으로 길이가 짧아진다.

크기가 변하지 않는다.

비관성계

특수 상대성 이론에서는 물체가 가속할 때, 그 운동을 정확하게 계산하기 어렵다고 한다. 이 이론에서는 시공간이 평평하다고, 즉 시간 간격과 공간 간격이 일정하게 나뉜다고 여긴다. 하지만 물체가 가속하면 시간이 다르게 흐르고, 길이도 줄어드는 등 다른 경험을 하게 된다. 즉 시공간이 휘어지는 것이다.

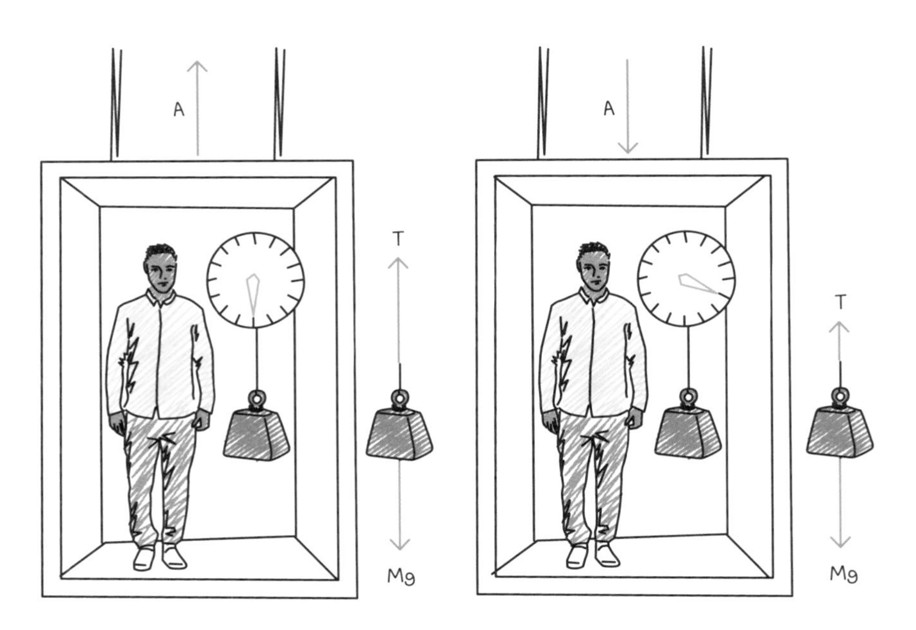

비관성계

승강기가 위쪽으로 가속할 때 저울은 질량의 무게보다 더 큰 값을 가리킨다.
승강기가 아래쪽으로 가속할 때 저울은 질량의 무게보다 더 작은 값을 가리킨다.

시공간 휘어짐

물체가 더 빨리 가속할수록 시공간은 더 많이 휘어진다. 가속하는 물체는 곡선처럼 보이고, 그 주변의 시공간도 휘게 된다. 가속이 커지면 휘어짐도 커진다. 무거운 물체는 시공간을 휘게 만들고, 그 결과 그 물체가 더 빨라진다. 예를 들어, 물체가 땅에 떨어지는 이유는 지구가 시공간을 휘게 해서, 물체가 그 휘어진 길을 따라 움직이기 때문이다.

일반 상대성 이론

일반 상대성 이론은 아인슈타인이 제안한 이론으로, 가속도가 있는 상황에서도 적용된다. 이 이론에서 아인슈타인은 관성 질량과 중력 질량이 같다고 설명했다.

관성 질량은 물체를 움직이게 하는 데 필요한 힘의 크기이고, 중력 질량은 물체 간의 끌어당기는 힘을 결정한다. 이 두 가지가 같다는 것을 아인슈타인은 '등가 원리'라고 불렀다.

일반 상대성 이론은 휘어진 시공간과 물체의 움직임 관계를 설명한다. 만약 관성 질량과 중력 질량이 같다면, 중력으로 인한 가속과 다른 원인으로 인한 가속이 똑같이 느껴진다. 예를 들어, 가속하는 상자 안에 있는 사람이 물체가 매달린 용수철이 얼마나 늘어나는지 본다고 생각해 보자. 상자가 지구의 중력 때문에 가속하는 것인지, 로켓이 상자를 밀어 주는 것인지

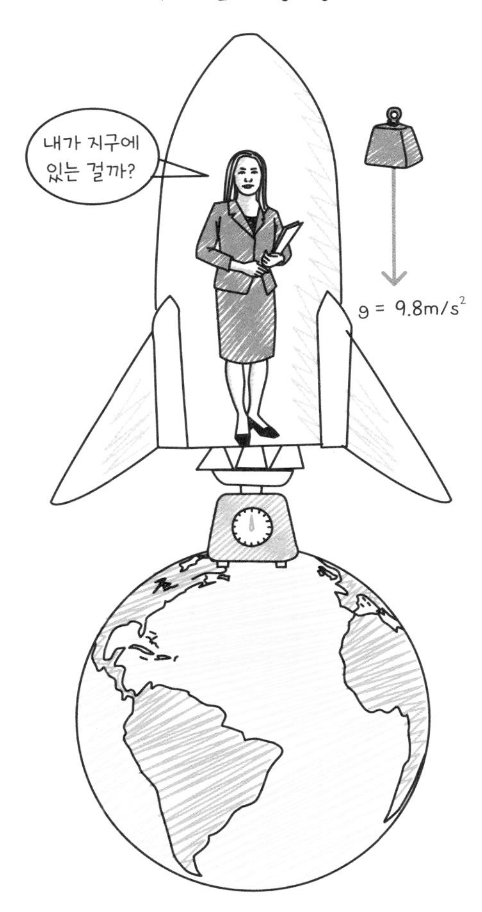

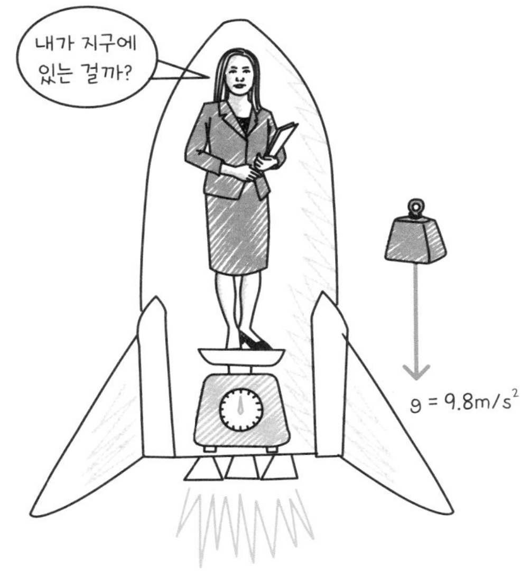

등가 원리

일반 상대성 이론의 한 원리는 중력으로 인한 가속과 로켓 엔진 같은 다른 이유로 생기는 가속을 구분할 수 없다는 것이다. 즉, 이 두 가지는 사실상 같다.

구분할 수 없다. 이 두 경우 모두 시공간을 휘게 하고, 물체의 움직임에 영향을 준다.

시공간이 얼마나 휘어졌는지를 보면 그곳의 중력이 얼마나 강한지 알 수 있다. 이는 질량이 큰 물체가 가까이 있을수록 중력이 강해진다는 뉴턴의 중력 법칙과 비슷하다.

빛의 휘어짐

질량이 있는 물체는 시공간을 휘게 만들고, 그로써 물체가 가속되는 방식이 달라진다. 만약 물체가 가는 방향과 다른 쪽으로 힘을 받으면, 속력은 그대로지만 방향이 바뀌게 된다. 빛도 시공간의 휘어짐에 영향을 받으며 중력 때문에 경로가 휘어진다.

제1차 세계 대전이 끝나고 얼마 후, 영국의 천문학자 아서 에딩턴은 아프리카 서쪽 해안의 프린시페 섬으로 개기 일식을 관찰하러 갔다. 에딩턴은 일식이 일어나기 전 밤하늘의 별 위치를 정확히 기록하려고 별들을 촬영했다. 일식이 시작되어 달이 태양빛을 완전히 가리자, 그는 다시 별들의 위치를 촬영했다. 그 결과, 에딩턴은 태양이 떠 있을 때와 맑은 밤하늘에서의 별 위치가 달라졌다는 사실을 발견했다. 이는 아인슈타인의 예측대로 태양의 중력장이 별빛의 경로를 휘게 해 별의 겉보기 위치가 바뀐 것을 확인한 것이다.

중력 렌즈 현상

중력 렌즈 현상은 큰 질량을 가진 물체가 빛을 휘게 만드는 현상이다. 이 물체는 마치 렌즈처럼 빛의 경로를 바꾼다. 일반

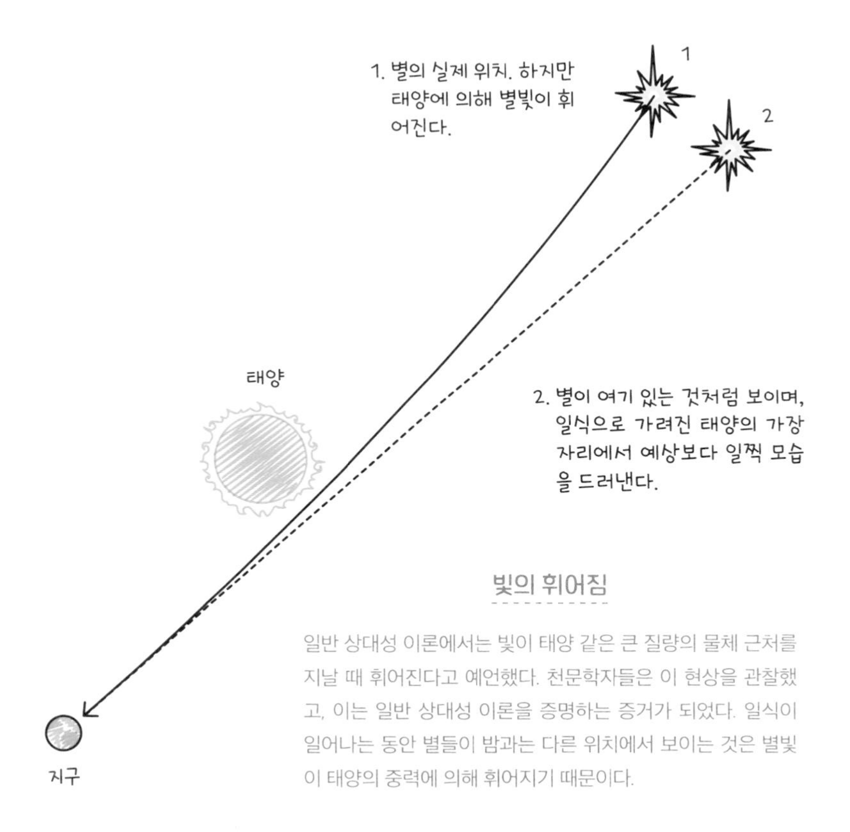

빛의 휘어짐

일반 상대성 이론에서는 빛이 태양 같은 큰 질량의 물체 근처를 지날 때 휘어진다고 예언했다. 천문학자들은 이 현상을 관찰했고, 이는 일반 상대성 이론을 증명하는 증거가 되었다. 일식이 일어나는 동안 별들이 밤과는 다른 위치에서 보이는 것은 별빛이 태양의 중력에 의해 휘어지기 때문이다.

렌즈는 빛을 한곳에 모아 주지만, 중력 렌즈는 다르게 작용한다. 중력 렌즈에서는 렌즈의 중심에서 빛이 가장 많이 휘어지기 때문에, 빛이 한 점에 모이지 않고 고리 모양으로 퍼지게 된다. 이 고리 모양을 아인슈타인 고리라고 부른다.

하지만 만약 빛의 원천, 즉 빛을 내는 물체가 중력 렌즈와 정확히 정렬되지 않으면 고리의 일부분만 보이게 된다. 중력 렌즈 현상은 우주에서 아주 무거운 물체들, 즉 은하나 블랙홀처럼 큰 질량을 가진 물체들이 있을 때 일어난다. 이 현상은 암흑물질을 찾거나, 다른 별 주위를 도는 행성을 찾는 데 사용된다.

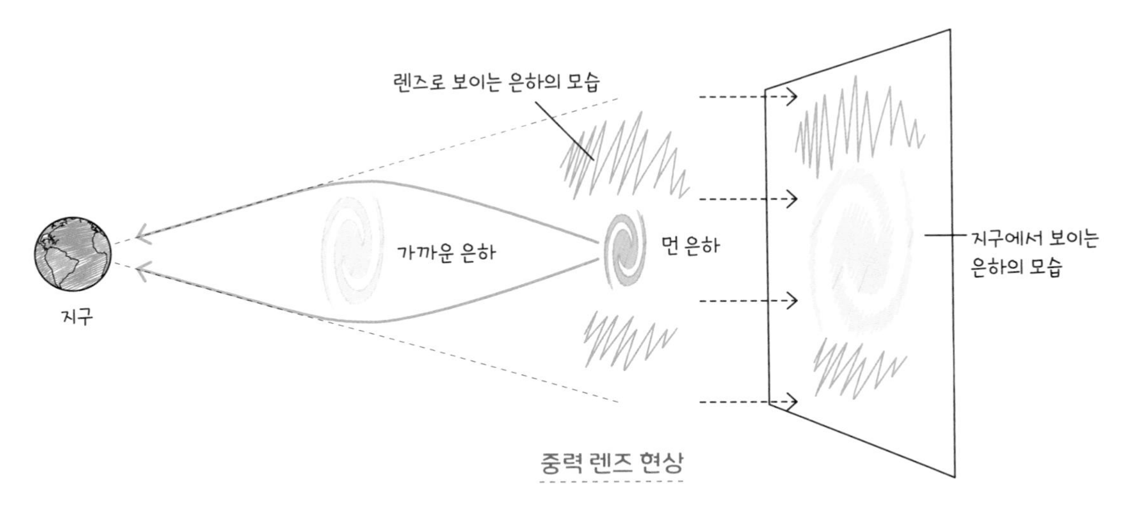

중력 렌즈 현상

은하 같은 큰 물체는 주변 시공간을 휘어지게 만들기 때문에 빛도 함께 휘어진다. 그래서 은하 주위에서는 빛이 왜곡되어 여러 개의 이미지나 고리 모양의 이미지가 나타날 수 있다. 중력 렌즈는 일반 렌즈와 달리, 중심부에서 빛을 가장 많이 휘게 만든다.

블랙홀

블랙홀은 빛조차도 빠져나올 수 없는 강력한 중력을 가진 천체로, 경계인 사건의 지평선을 넘으면 모든 물질과 빛이 블랙홀 중심으로 끌려 들어간다. 블랙홀은 보통 큰 질량의 별이 수명을 다하고 붕괴하면서 형성된다. 중심에는 밀도가 무한히 높은 특이점이 존재하며, 이곳에서는 우리가 아는 물리 법칙이

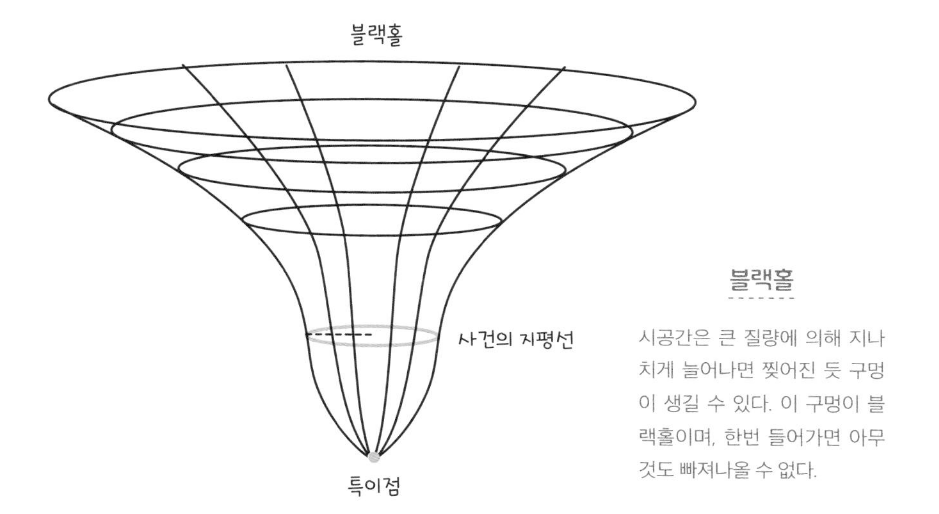

블랙홀

시공간은 큰 질량에 의해 지나치게 늘어나면 찢어진 듯 구멍이 생길 수 있다. 이 구멍이 블랙홀이며, 한번 들어가면 아무것도 빠져나올 수 없다.

더 이상 적용되지 않는다. 블랙홀은 우주에서 물질과 에너지를 흡수하면서 주변에 큰 영향을 미친다.

웜홀

블랙홀의 사건의 지평선 너머에서 무슨 일이 일어나는지는 알기 어렵지만, 과학자들은 여러 가지 가설을 제시하고 있다. 그중 하나가 웜홀이라는 가설이다. 웜홀은 우주에 있는 두 지점을 연결하는 가상의 통로로, 마치 블랙홀과 화이트홀을 연결하는 다리라고 상상할 수 있다.

블랙홀은 물질과 빛을 흡수해 빠져나올 수 없게 만든다. 반

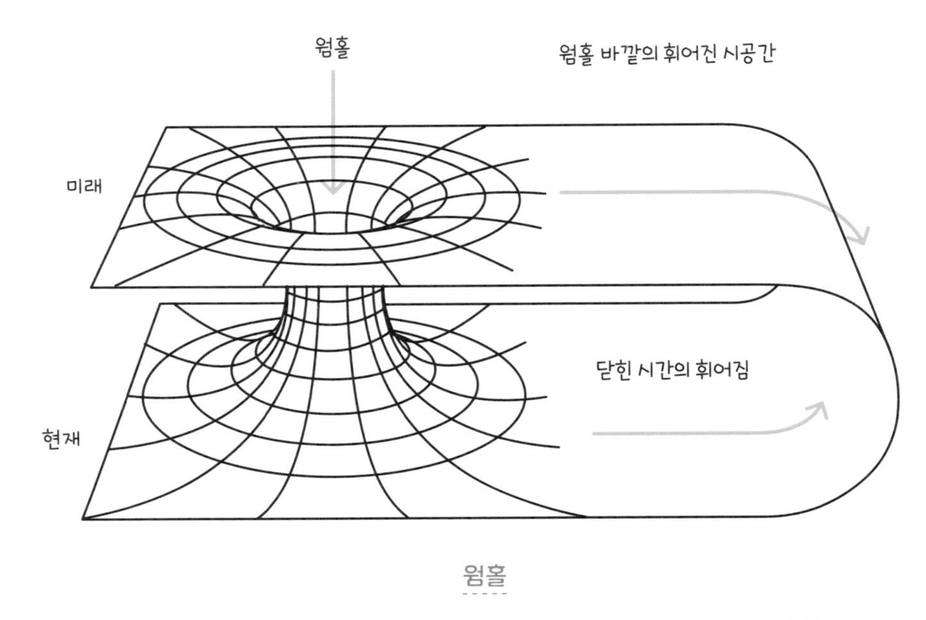

웜홀

웜홀은 시공간의 두 지점을 연결하는 가상의 통로다. 이를 통해 먼 거리나 시간 여행을 할 수 있을지도 모른다.

면에 화이트홀은 물질과 빛을 밖으로 내보내고, 반대로 들어올 수 없게 만든다. 이 두 개가 서로 반대의 역할을 한다는 점에서, 어떤 과학자들은 블랙홀로 빨려 들어간 물질과 빛이 웜홀을 통해 화이트홀로 나올 수 있다고 생각한다.

중력파

중력파는 우주에서 큰 물체들이 움직일 때 생기는 '파동'이다. 예를 들어, 두 개의 블랙홀이 병합하거나 큰 별이 폭발할 때 중력파가 발생하며 우주로 퍼져 나간다. 이 파동은 시공간이 '휘어지면서' 생기고, 중력파가 지나갈 때 우주의 구조가 아주 조금 변하게 된다. 과학자들은 이 변화를 감지해 중력파를 확인할 수 있다.

핵 물리학

우리가 보고 만질 수 있는 모든 물질은 매우 작은 입자들로 이루어져 있다. 고대 그리스 사람들은 이 작은 입자들을 원자라고 불렀는데, 원자는 그리스어로 '더 이상 쪼갤 수 없는 것'이라는 뜻이다. 그들은 세상의 모든 것이 이 작은 원자와 원자들 사이의 힘으로 설명될 수 있다고 믿었다. 원자에 대한 이러한 생각은 한동안 잊혔다가, 과학이 발전하면서 다시금 주목받게 되었다. 특히 영국의 화학자 존 돌턴이 원자가 더 이상 나눌 수 없는 작은 입자라는 이론을 다시 소개했고, 원자론은 현대 과학에서 중요한 개념으로 자리 잡았다.

전자

전자는 음전하를 가지고 원자핵의 주위를 도는 작은 입자로, 전기의 기본 단위이다.

19세기 말까지만 해도 수소 원자가 가장 작은 입자로 여겨졌다. 그런데 1897년경 조지프 존 톰슨이 진공 중에서 방전 현상을 연구하다가 전자를 발견했다. 전자는 수소 원자보다 훨씬 가벼운 질량을 가지고 있다. 전자의 발견은 원자가 더 작은 입자로 쪼개질 수 있다는 것을 보여 주는 중요한 증거가 되었다.

쿼크

쿼크는 물질을 이루는 가장 작은 입자 중 하나다. 모든 물질은 원자로 이루어져 있고, 원자는 양성자와 중성자로 구성되어 있다. 이 양성자와 중성자는 쿼크라는 더 작은 입자들로 이루어져 있다. 쿼크는 너무 작아서 우리 눈으로 직접 볼 수 없지만, 물질의 기본 구성 요소로서 중요한 역할을 한다.

방사성 원자

방사성 원자는 자연 상태에서 스스로 방사선을 방출하는 원자다. 이 방사성 원자는 시간이 지나면서 알파, 베타, 감마선 등 여러 형태의 방사선을 내보내고, 이를 통해 다른 원소로 변할 수 있

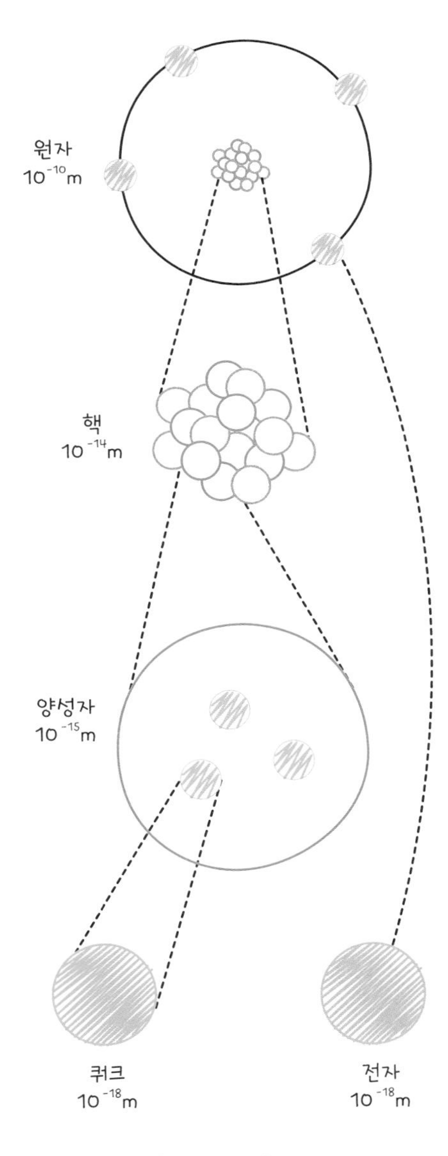

원자에서 쿼크로

다. 방사성 원자는 방사선을 방출하면서 에너지를 잃고 안정된 상태로 변한다.

방사성 붕괴

방사선 붕괴는 원자가 방사선을 방출하면서 다른 원자로 바뀌는 자연적인 변화 과정이다. 이 과정에서 원자는 내부의 불안정한 입자나 에너지를 방출하며 알파선, 베타선, 감마선 등을 내보낸다. 방사선 붕괴 과정에서는 쿼크의 변환이 일어나, 양성자나 중성자가 서로 바뀌기도 한다.

알파 붕괴

원자가 알파 입자를 방출하는 과정이다. 알파선은 공기 중에서 약 1cm 정도만 이동하며, 종이 한 장으로 쉽게 막을 수 있다. 알파 입자는 비교적 큰 질량과 양전하를 가지고 있어 전기장에 의해 약간 휘어지며, 두 개의 양성자와 두 개의 중성자로 이루어진 헬륨 원자핵이다.

베타 붕괴

베타 붕괴는 원자가 빠르게 움직이는 베타 입자를 방출하는 과정이다. 베타선은 알파선보다 침투력이 강해 공기 중에서 더 멀리 이동하며, 얇은 알루미늄 판으로 막을 수 있다. 베타 입자는 음전하를 띠고 있으며, 전기장과 자기장에 의해 잘 휘어진다.

감마 붕괴

원자가 높은 에너지의 감마선을 방출하는 과정이다. 감마선은 공기 중에서 거의 방해를 받지 않고 멀리 이동하며, 침투력이 매우 강해 두꺼운 납이나 콘크리트로 막아야 한다. 감마선은 알파선이나 베타선과 달리 전기장이나 자기장에 휘어지지 않으며, 매우 높은 에너지를 지닌 전자기파다.

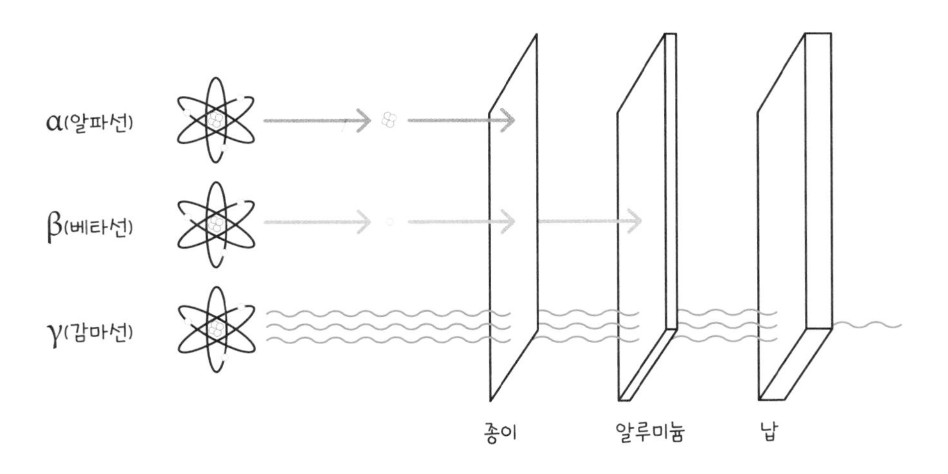

투과력

세 가지 다른 방사선은 각각 물질을 투과하는 능력이 다르다. 알파선은 투과력이 가장 약하고 감마선은 투과력이 가장 세다.

반감기

반감기는 방사성 물질이 절반으로 줄어드는 데 걸리는 시간을 의미한다. 이는 방사성 물질이 얼마나 빨리 변하는지를 알려 준다. 주기율표에서 우라늄보다 무거운 원소들은 반감기가 아주 짧다. 그래서 이 원소들은 지구가 처음 생겼을 때는 존재했지만, 45억 년이 지나면서 대부분 사라져서 지금은 자연 상태에서 찾기 어렵다.

원자 모형

얇은 금박에 알파선을 쏘면, 약 8,000번 중 한 번 정도의 확률로 알파 입자가 튕겨 나오는 현상이 발생한다. 이를 통해 과학자들은 원자가 태양계처럼 중앙에 무거운 핵이 있고, 전자가 그 주변을 도는 구조로 되어 있다고 생각했다. 이 실험에서 원자의 대부분이 빈 공간이며, 질량과 양전하가 핵에 집중되어 있다는 사실을 알게 되었다. 이 핵을 이루는 양전하를 띤 입자를 양성자라고 부르는데, 모든 원자핵의 기본 요소가 된다.

중성자

주기율표에서 원자의 위치는 원자핵에 있는 양성자 수로 정해진다. 하지만 과학자들은 원자의 질량이 단순히 양성자 수만으로는 설명되지 않는다는 것을 발견했다. 이를 해결하기 위

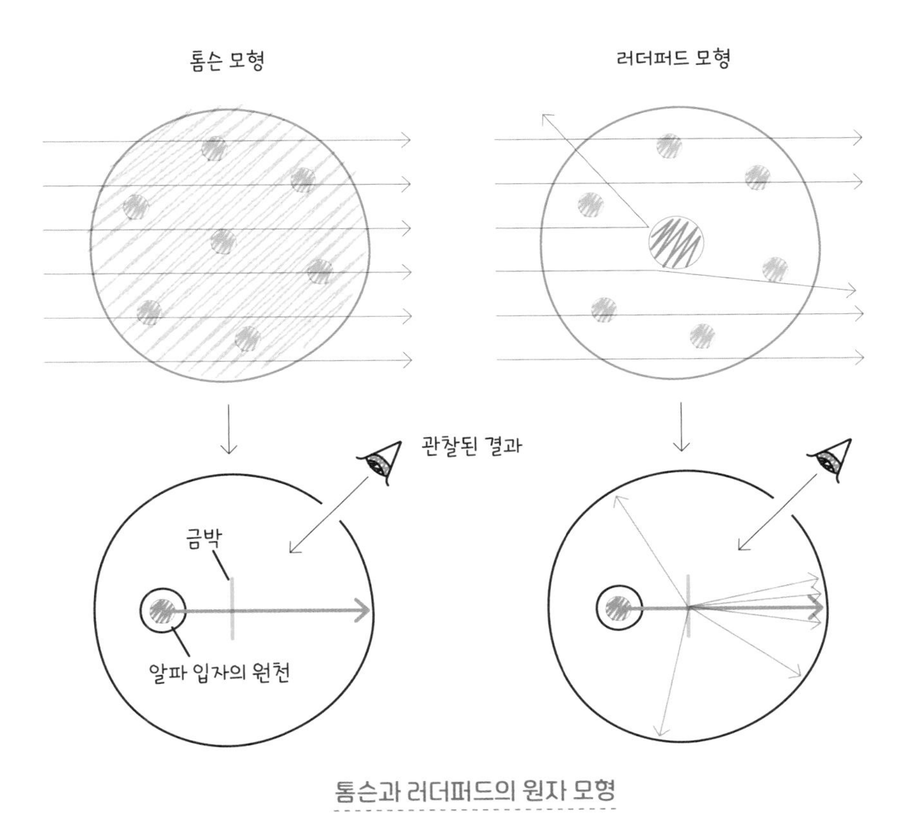

톰슨과 러더퍼드의 원자 모형

톰슨의 원자 모형은 원자와 전자가 균일하게 섞인 구조로, 알파 입자가 대부분 통과할 것으로 예상했다. 그러나 러더퍼드는 금박 실험에서 일부 알파 입자가 튕겨 나오는 것을 보고, 원자 중심에 양전하를 가진 원자핵이 있어, 원자가 대부분 빈 공간으로 이루어졌다고 주장했다.

해, 원자핵에는 전하를 가지지 않으면서 질량을 더하는 중성자라는 입자가 있다는 사실이 밝혀졌다. 중성자의 질량은 양성자와 거의 같아, 중성자가 있는 원소는 양성자만 있을 때보다 질량이 더 크다. 이렇게 원자핵은 양성자와 중성자로 구성되어 있다.

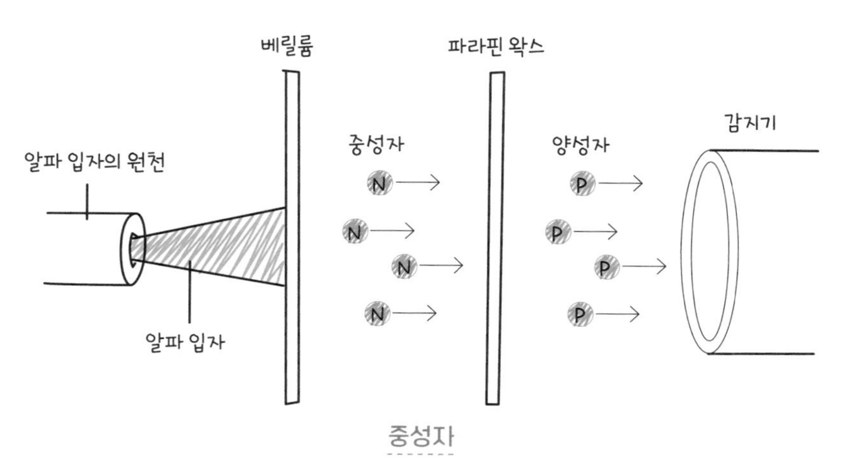

중성자

베릴륨 표적을 향해 알파 입자를 쏘는 실험에서 중성자의 존재가 발견되었다. 이 실험에서 중성자는 얇게 편 왁스 판에서 양성자를 벗겨 냈다. 양성자는 그와 동일한 질량을 가지고 전기적으로 중성을 띤, 보이지 않는 입자에 의해 왁스 판에서 떨어져 나왔다.

동위 원소

모든 원자는 양성자와 중성자로 이루어진 핵을 가지고 있다. 양성자는 양(+)의 전하를 띠고, 중성자는 전하를 띠지 않는다. 원자의 양성자 수는 항상 같지만, 중성자 수는 조금씩 다를 수 있다. 이렇게 같은 원소이지만 중성자 수가 다른 것을 동위 원소라고 한다.

예를 들어, 탄소 원자는 항상 6개의 양성자를 가지고 있다. 하지만 어떤 탄소 원자는 6개의 중성자를 가지고 있고(탄소-12), 어떤 탄소 원자는 8개의 중성자를 가지고 있다(탄소-14). 이렇게 중성자 수가 달라지며 원자의 질량이 조금 달라진다.

중성자가 달라도 화학적인 성질은 똑같다. 왜냐하면 화학적 성질은 양성자와 그 주위를 도는 전자가 결정하기 때문이다. 하지만 방사성 동위 원소인 탄소-14처럼 시간이 지나면 다른 원소(질소-14)로 변할 수도 있다. 이런 특징 덕분에 고고학에서 탄소-14가 옛날 유물의 나이를 알아내는 데 많이 쓰인다.

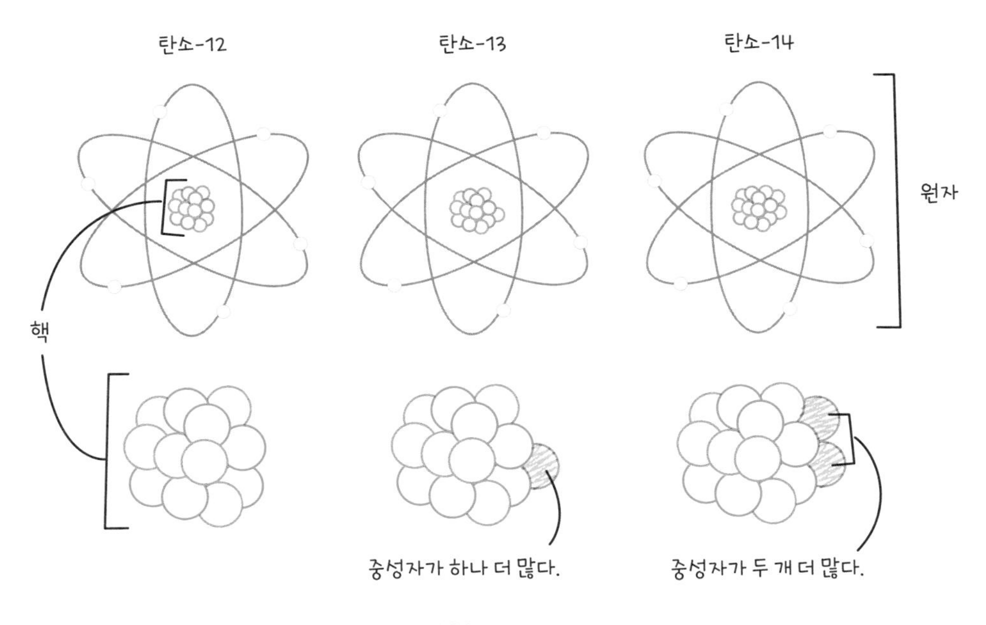

동위 원소

동위 원소는 같은 원소지만 양성자와 전자의 수는 같고, 중성자의 수가 다른 원자를 의미한다. 즉, 같은 원소의 원자들이지만 서로 다른 질량을 가진 원자다. 예를 들어, 탄소 원소에는 6개의 양성자와 6개의 전자가 있지만, 중성자의 수가 6개인 탄소-12, 7개인 탄소-13, 8개인 탄소-14가 있다.

핵융합

핵융합은 가벼운 원자핵들이 더 안정적인 철-56에 가까워지기 위해 서로 결합하려는 과정이다. 핵들은 양전하를 띠고 있어 서로 밀어내는 힘이 있기 때문에 매우 높은 온도와 빠른 속도로 움직여야 가까워질 수 있다. 이 과정에서는 많은 에너지가 방출되며, 이 에너지가 별의 형성 원천이 된다.

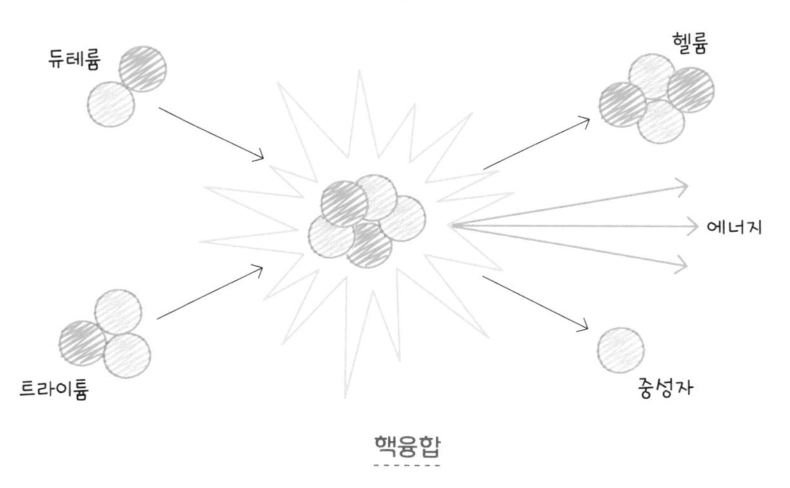

핵융합

두 개의 가벼운 원소의 핵이 강하게 부딪치면 핵융합이 일어나고, 이 과정에서 더 무겁고 안정적인 핵이 만들어진다.

핵분열

핵분열은 철보다 무거운 원소가 방사성 붕괴를 통해 질량을 줄여 철-56에 가까운 안정적인 핵을 만들려고 하는 과정이다. 어떤 중원소는 매우 안정적이어서 쉽게 붕괴하지 않지만, 중성

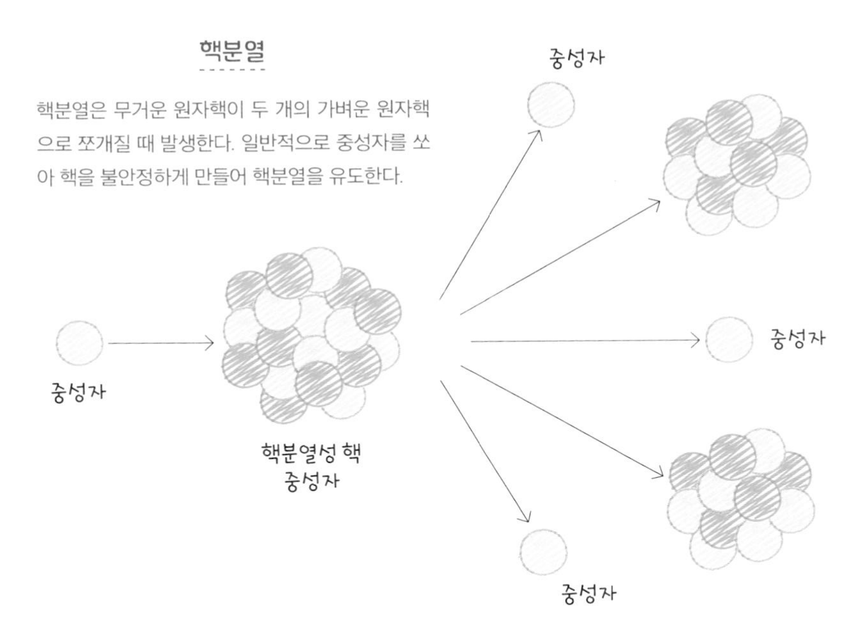

자를 쏘면 핵의 에너지가 증가하여 핵분열이 일어난다. 이때 새로운 원자가 생기고 많은 에너지가 방출된다.

연쇄 반응

핵분열 시 방출된 중성자는 다른 핵에 영향을 주어 다시 핵분열을 일으킬 수 있다. 이 과정을 연쇄 반응이라고 하는데, 더 많은 중성자가 생성되어 에너지가 급격히 증가한다. 연쇄 반응은 핵폭탄에서 큰 에너지를 방출하는 데 사용되며, 원자력 발전소에서는 중성자 수를 적절히 조절하여 필요한 전기를 생성한다.

양자 역학

고전 물리학은 뉴턴의 법칙으로 물체의 운동을 설명했지만, 아주 작은 입자들을 이해하는 데는 한계가 있었다. 이를 해결하기 위한 물리학으로 양자 역학이 나왔다. 양자 역학은 작은 입자들이 에너지를 불연속적으로 가진다고 설명한다. 이 이론은 전자와 같은 작은 입자들의 움직임을 이해하는 데 중요한 역할을 한다.

광전 효과

빛이 금속과 같은 물체에 닿았을 때, 그 물체에서 전자가 방출되는 현상이다. 빛은 작은 단위인 광자로 구성되어 있으며, 각 광자는 특정 에너지를 가지고 있다. 빛의 진동수가 높을수록 광자의 에너지가 커져, 더 쉽게 금속에서 전자를 방출할 수 있다. 1905년에 알베르트 아인슈타인이 이 효과를 설명하여, 빛의 입자성과 양자론의 발전에 중요한 기여를 했다.

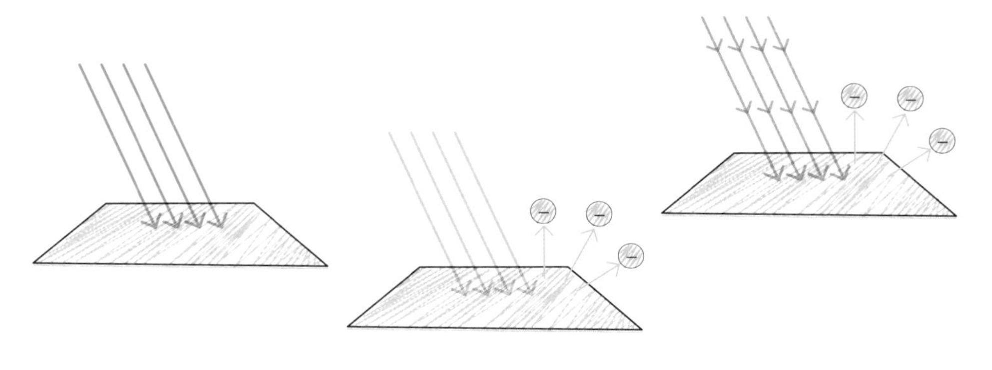

광전 효과

적색광은 밝기와 상관없이 금속 표면에서 전자를 방출할 만큼 충분한 에너지를 지니지 못한다. 이는 하나의 광자가 하나의 전자와 상호 작용하기 때문이며, 광자의 에너지가 낮으면 전자를 탈출시킬 수 없다.

이중 슬릿 실험

1801년, 영국의 과학자 토머스 영은 빛의 두 가지 성질을 탐구하기 위해 이중 슬릿 실험을 수행했다. 두 개의 좁은 틈(슬릿)을 통과한 빛이 스크린에 밝고 어두운 간섭무늬를 형성했다. 이는 빛이 파동처럼 행동해 서로 겹쳐진 결과다.

만약 빛이 단순한 입자였다면 슬릿에 해당하는 두 곳에서만 밝은 무늬가 나타났을 것이다. 그러나 실제로는 스크린에 밝은 무늬와 어두운 무늬가 번갈아 이어지는 간섭무늬가 나타나, 빛이 파동의 성질을 확실히 갖고 있음을 보여 주었다.

전자를 사용한 실험에서도 비슷한 결과가 나타났다. 전자가

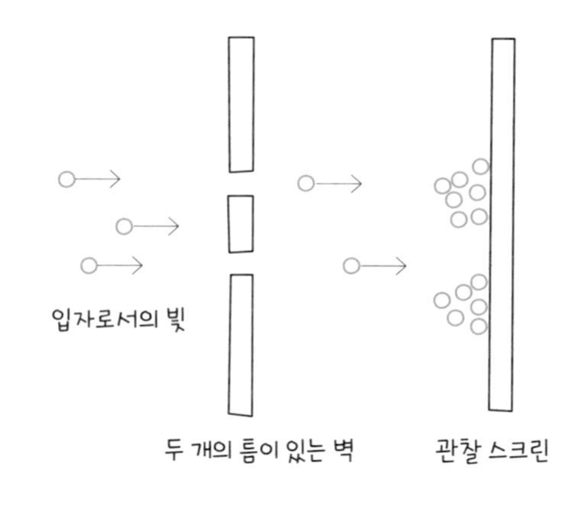

하나씩 스크린에 도달해 점을 찍었지만, 시간이 지나면서 간섭무늬가 나타났다. 이중 슬릿 실험은 빛과 전자가 파동의 성질을 가진다는 것을 보여 주는 중요한 증거가 되었다.

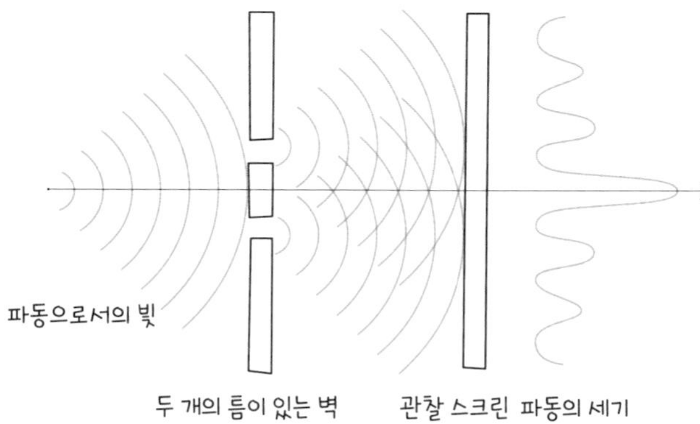

이중 슬릿 실험

빛이나 전자가 두 개의 틈을 통과할 때 입자가 아닌 파동처럼 행동하며 상호 작용한다.

파동-입자 이중성

이중 슬릿 실험은 빛이나 전자와 같은 작은 입자들이 두 가지 성질을 동시에 갖고 있음을 보여 준다. 이 입자들은 움직일 때는 파동처럼 행동하고, 다른 물체와 부딪칠 때는 입자처럼 행동한다. 이러한 특성을 '파동-입자 이중성'이라고 한다.

실제로 이들은 파동도 입자도 아닌 '양자'라는 특별한 존재다. 특히, 빛의 양자는 '광자'라고 불리며, 파동과 입자 두 가지 성질을 모두 가진다. 빛은 작은 입자 형태로 방출되지만, 이동할 때는 파동처럼 행동하고, 나중에 개별적인 입자로 감지된다.

현상	파동으로서 설명할 수 있다	입자로서 설명할 수 있다
반사		
굴절		
간섭		
회절		
편광		
광전 효과		

파동-입자 이중성

양자적 물체는 상황에 따라 파동처럼 행동하기도 하고 입자처럼 행동하기도 한다.

불확정성 원리

불확정성 원리는 아주 작은 입자인 전자나 다른 입자들이 어떻게 움직이는지 완벽하게 알 수 없다고 규정한다. 예를 들어, 공을 던지면 공의 위치(어디에 있는지)와 속도(얼마나 빨리 움직이는지)를 정확하게 알 수 있다.

하지만 전자는 너무 작아서, 그 위치와 속도를 동시에 정확하게 측정할 수 없다. 위치를 정확히 알려고 하면 속도를 잘 모르고, 속도를 정확히 알려고 하면 위치를 정확히 알 수 없다는 것이다. 이게 바로 불확정성 원리다.

양자 중첩

양자 중첩은 입자가 동시에 여러 상태에 있을 수 있다는 개념이다. 예를 들어, 상자 속에 공이 있다고 생각해 보자. 보통 상자를 열면 공은 상자 안의 한곳에 정확히 놓여 있을 것이다. 하지만 전자 같은 아주 작은 입자는 다르다. 전자는 상자를 열기 전까지 상자 안의 한곳에만 있는 것이 아니라, 상자 안의 여러 곳에 동시에 퍼져 있는 상태로 존재한다.

이것은 마치 공이 상자 안의 한곳에만 있는 것이 아니라 상자 전체에 흩어져 있는 것처럼 볼 수 있다. 상자를 열어 관측하기 전까지는 전자가 어디에 있는지 알 수 없고, 상자를 열어 확인하는 순간에야 특정한 위치로 정해진다. 이것이 바로 양자 중첩의 기본 개념이다.

슈뢰딩거의 고양이

슈뢰딩거의 고양이는 양자 물리학의 독특한 성질을 쉽게 설명하기 위해 만들어진 이야기다. 슈뢰딩거는 상자 속에 고양이와 방사성 물질, 그리고 독약이 연결된 장치를 넣었다. 방사성 물질이 붕괴되면 독약이 방출되어 고양이는 죽고, 붕괴되지 않으면 고양이는 살아 있을 것이다. 하지만 상자를 열어 보기 전까지는 고양이가 살아 있는지 죽어 있는지 알 수 없으므로, 두 상태가 동시에 존재한다고 가정해야 한다.

슈뢰딩거의 고양이

슈뢰딩거는 하나의 방사성 원자가 붕괴하는지 여부에 따라 고양이가 살아 있거나 죽어 있는 상태를 동시에 가질 수 있다고 제안했다.

슈뢰딩거는 '관측하기 전에는 상태가 정해지지 않는다'는 양자 물리학의 개념이 우리의 일상 경험과 다르다는 점을 보여주고 싶었다. 이 이야기는 양자 물리학의 이상함을 드러내며, 관측과 상태에 대해 새로운 시각을 갖게 하는 역할을 한다.

7
천체 물리학
우리 은하
태양
나선 은하
은하 형태
암흑 물질
은하
우주 배경
복사
가스 구름
플라스마
팽창
He
H
빅뱅
인플레이션

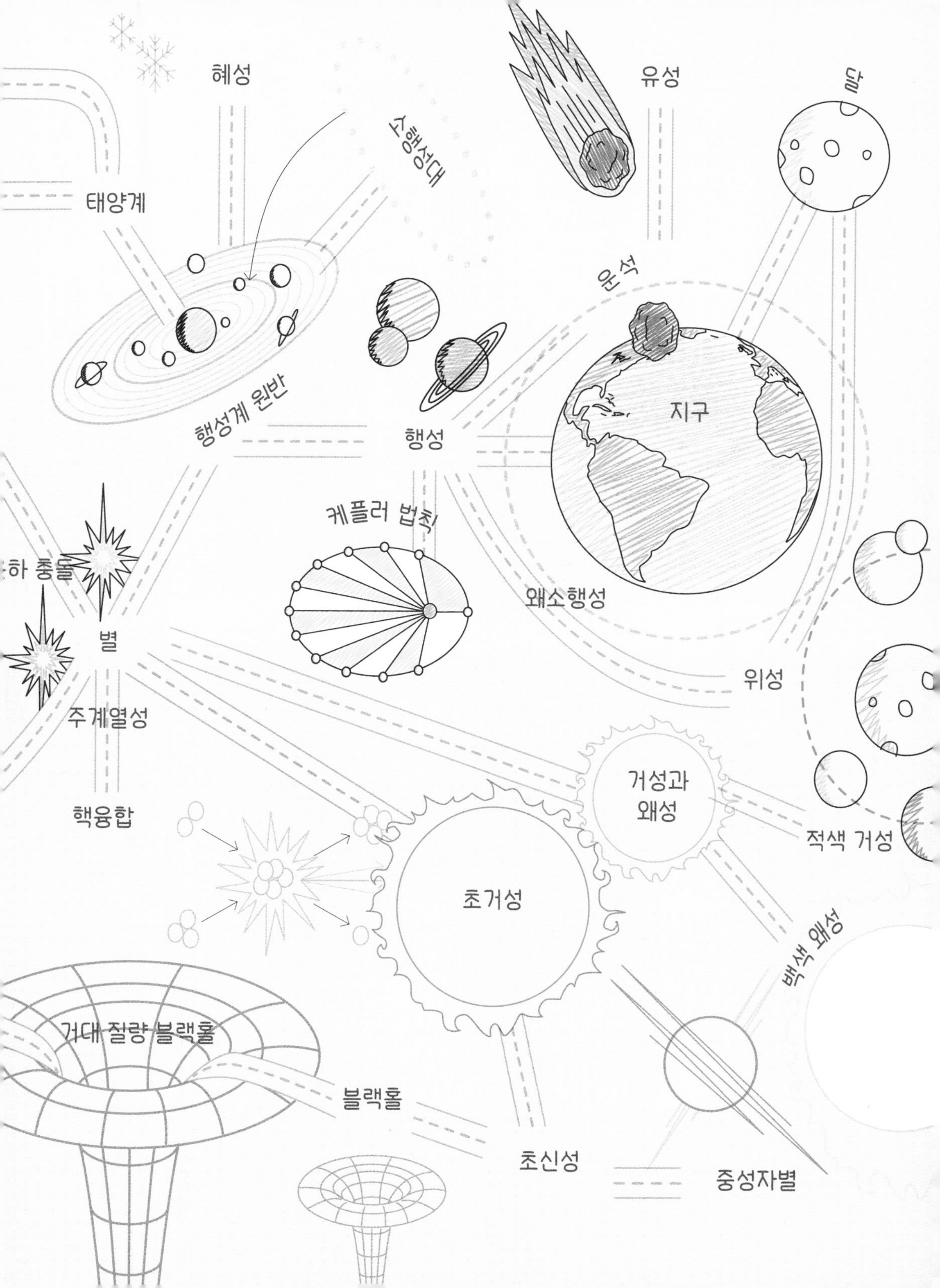

혜성
유성
달
소행성대
태양계
운석
행성계 원반
행성
지구
케플러 법칙
하 충돌
왜소행성
별
위성
주계열성
거성과
왜성
핵융합
적색 거성
초거성
백색 왜성
거대 질량 블랙홀
블랙홀
초신성
중성자별

초기의 우주

초기 우주는 우주의 탄생과 진화를 이해하는 데 중요한 단서들을 제공한다. 초기 우주를 알면, 우리가 사는 세상이 어떻게 시작되었는지, 별과 은하가 어떻게 형성되었는지를 이해할 수 있다.

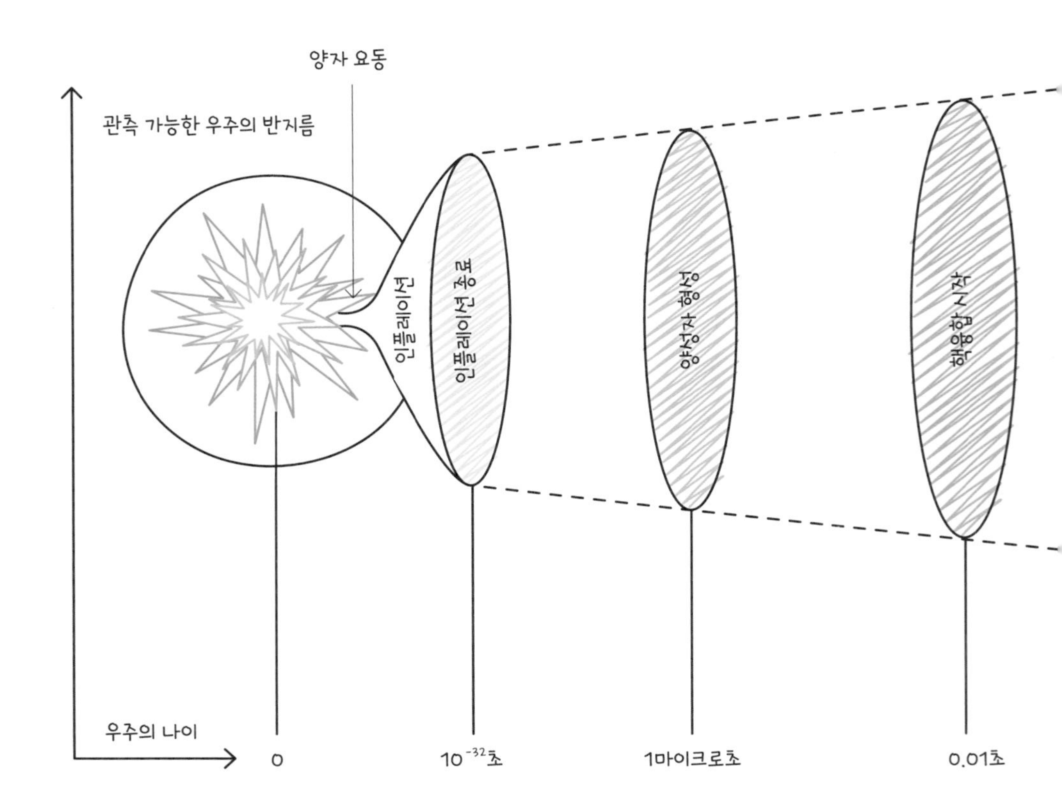

빅뱅

빅뱅 이론은 우주의 시작을 설명하는 가장 널리 인정받는 이론이다. 약 138억 년 전, 우주는 매우 뜨겁고 밀도가 높은 상태에서 갑작스럽게 팽창하기 시작했다. 이 사건 이전에는 시간과 공간도 존재하지 않았고, 모든 물질과 에너지가 '특이점'이라는 하나의 점에 모여 있었다. 빅뱅 이후 우주는 팽창하며 냉각되었고, 이 과정에서 기본 입자들이 원자, 별, 은하로 발전했다. 지금도 우주는 계속 팽창하고 있다.

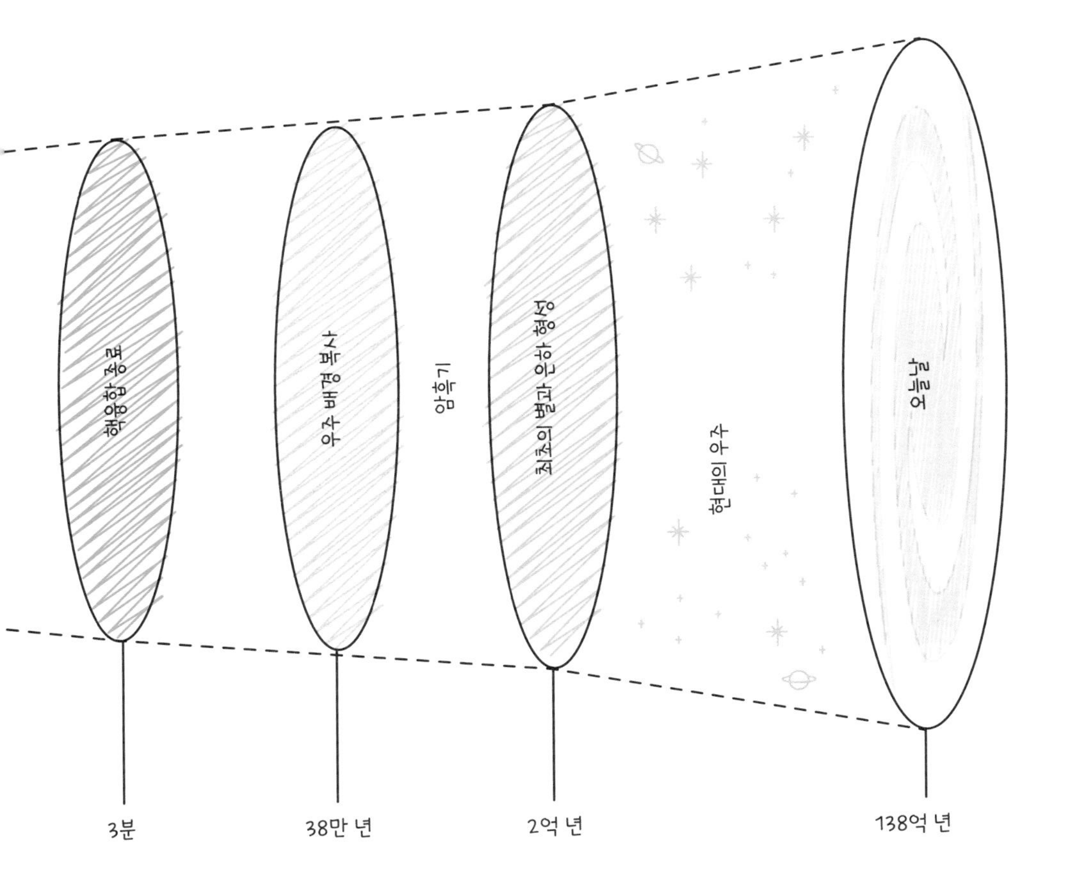

인플레이션

인플레이션은 빅뱅 후 처음 순간 우주가 광속보다 빠르게 팽창한 현상이다. 이때 우주는 골프공 크기에서 시작해 매우 뜨거운 상태였으며, 막대한 에너지가 작은 공간에 갇혀 있었다. 시간이 지나면서 이 에너지가 쿼크를 결합시켜 중입자와 중간자를 만들었고, 우주는 전하를 가진 입자들로 가득 찬 플라스마 상태가 되었다.

팽창

우주가 팽창하면서 점점 식어 갔다. 우주가 식자, 반대 전하를 가진 입자들이 서로 가까워져 결합하게 되었다. 전기적으로 중성인 원자와 분자가 만들어졌고, 주로 수소와 헬륨으로 이루어진 이 원자들과 분자들이 거대한 가스 구름을 형성했다. 이 가스 구름은 크기가 몇십만 광년에 이르렀다.

우주 배경 복사

우주 배경 복사(CMBR)는 우주가 아주 오래전, 처음 생길 때의 빛이 현재까지 퍼져 나오는 것을 말한다. 우주가 처음 생길 때는 너무 뜨거워서 빛이 자유롭게 움직이지 못했다. 시간이 지나고 우주가 식으면서 빛이 자유롭게 퍼질 수 있게 되었다. 이 빛은 처음에는 파장이 아주 짧았지만, 우주가 팽창하면서 지금은 긴 전파의 파장으로 발견된다.

은하

138억 년 전 빅뱅이라는 큰 폭발로 아주 큰 가스 구름이 있었다. 이 구름은 몇백만 년 동안 천천히 식어 갔다. 중력이라는 힘이 이 가스들을 모아 큰 덩어리를 만들었다. 이 덩어리는 회전하면서 은하가 되었고, 은하 안에서 많은 별과 행성이 생겼다.

하지만 은하 속 별들의 움직임은 예측과 다르게 나타났다. 특히, 나선 은하 중심에서 먼 별들이 본래 예측보다 빠르게 움직이는 현상을 설명하기 위해 과학자들은 '암흑 물질'이라는 보이지 않는 물질을 제안했다. 암흑 물질은 별들이 빠르게 움직일 수 있게 돕는 역할을 한다.

암흑 물질

암흑 물질은 우리 눈에 보이지 않지만, 별들과 상호 작용하는 신비로운 물질이다. 초기 우주에서 암흑 물질의 강한 중력이 별과 은하를 형성하는 데 크게 이바지했다고 생각된다. 그러나 암흑 물질이 정확히 무엇인지는 아직 밝혀지지 않았다. 과학자들은 암흑 물질이 새로운 종류의 기본 입자로 구성되어 있을 가능성을 연구하고 있다.

은하 형태

은하는 여러 가지 모양과 크기로 존재한다. 빅뱅 이후 수억 년이 지나 형성된 초기 은하들은 기체 방울처럼 생겼다. 이들 은하는 회전하기 때문에 완전히 둥글지 않고 지구처럼 약간 일그러져 있다. 이런 은하를 타원 은하라고 부른다.

시간이 더 지나면, 은하들은 완전히 다른 모양이 된다. 수십억 년 동안 회전하면서 기체와 별들이 은하의 중심에서 바깥쪽으로 밀려나게 된다. 그래서 은하가 나선 모양으로 보인다. 피자 반죽을 밀어서 얇은 원판처럼 만드는 것과 같은 원리로, 은하는 얇고 납작한 모양이 된다.

은하 충돌

은하는 이동하면서 다른 은하와 충돌할 수 있다. 우주가 지금보다 훨씬 작았던 시절에는 이런 충돌이 더 자주 일어났다. 두 은하가 충돌하면, 그 안의 별과 가스가 서로 섞이면서 수백만 년 동안 진동한다. 이 과정이 끝나면, 두 은하는 원래의 모습을 잃고 불규칙한 모양의 새로운 은하가 만들어질 수 있다. 대부분의 불규칙한 모양의 은하는 이런 충돌로 생겼다고 생각된다. 하지만 다른 가능성도 존재한다.

거대 질량 블랙홀

거대 질량 블랙홀은 은하의 중심에 있는 아주 큰 블랙홀이다. 행성은 태양 주위를 돌고, 위성은 행성 주위를 돌 듯이, 은하의 별들도 큰 질량을 가진 무언가를 돌고 있을 것이다. 그 무언가는 바로 거대 질량 블랙홀이다.

2019년, 천문학자들은 거대 질량 블랙홀이 근처의 별을 집어삼키는 장면을 처음으로 촬영했다. 블랙홀이 어떻게 형성되었는지는 아직 정확히 알 수 없지만, 우주 역사 초기에 블랙홀들이 등장했으며, 초기 은하들의 회전을 이끌었을 것이라고 추측한다.

우리 은하

우리 지구가 있는 은하, 즉 '우리 은하'는 나선 모양이다. 별들의 위치를 조사하면 이 나선 구조를 알 수 있다. 하늘에서 흐릿

우리 은하

우리 은하는 나선 모양의 은하로, 태양계는 은하 중심에서 26,000광년 떨어진 오리온자리 나선 팔 위에 있다.

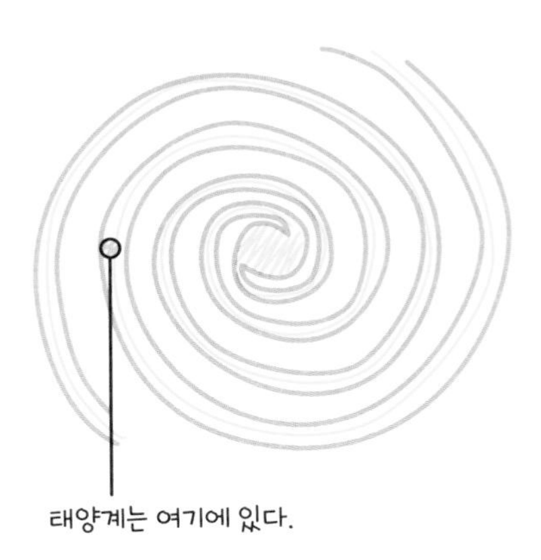

하게 보이는 은하수는 수백만 개의 별이 모여 있는 모습이다.

우리 은하는 매우 넓어서, 폭이 약 10만 광년이다. 광년은 빛이 1년 동안 가는 거리다. 은하의 두께는 평균적으로 1,000광년 정도로 얇다. 그러나 은하의 중심 부분은 별이 많이 모여 있어서 두께가 최대 1만 5천 광년까지 커진다. 이 중심 부분은 많은 별과 가스가 모여 있어서 중력이 강하게 작용한다. 우리 은하는 중심부는 두껍고 가장자리는 얇은 원반 구조를 하고 있다.

별

은하는 별들로 가득 차 있다. 별이 태어나는 과정은 가스 구름이 수축하면서 시작된다. 이 가스 구름이 붕괴하여 작은 조각으로 나누어지고, 이 조각들이 계속 더 작아진다. 가스가 붕괴하며 열이 생기고, 이 열 때문에 전자들이 원자에서 떨어져 나가면서 플라스마가 만들어진다. 플라스마가 계속 수축하면서 더 많은 열이 생기고, 수소 원자의 핵인 양성자들이 서로 부딪친다. 이때 양성자들이 융합해서 헬륨 원자가 된다. 이 과정에서 생긴 빛이 플라스마 구름을 통과해서 밖으로 나가게 된다. 충분한 빛이 만들어지면, 가스 구름의 붕괴가 멈추고 별이 탄생한다.

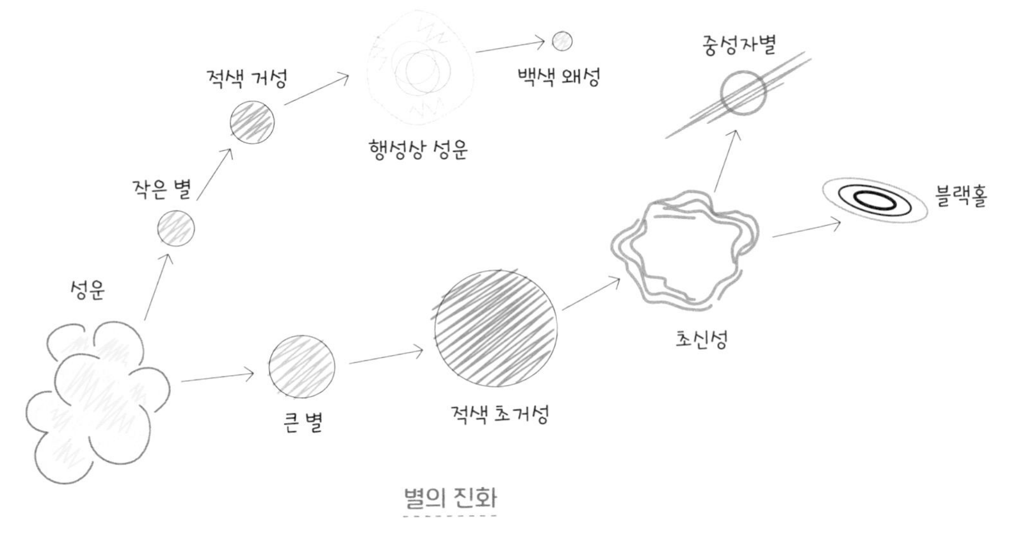

별의 진화

별은 가스로 이루어진 공으로 태어나서 다양한 생애를 거치며 극적인 죽음을 맞는다. 별의 생애는 별의 질량에 따라 달라진다.

주계열성

주계열성은 별이 태어나서 가장 오랜 시간을 보내는 단계다. 별은 이 단계에서 수소를 헬륨으로 바꾸는 반응을 계속한다. 이 과정에서 별은 빛과 열을 만들어 낸다. 작은 별은 이 단계를 수십억 년 동안 지내며, 큰 별은 수백만 년 정도만 지낸다. 큰 별은 더 빠르게 에너지를 소모해서 수명이 짧아진다. 주계열성 단계는 별이 가장 안정적으로 빛을 내며, 우리가 밤하늘에서 보는 별도 대부분 이 단계에 있다.

거성과 왜성

거성과 왜성은 별의 진화 과정에서 나타나는 두 가지 형태다. 별은 중심에서 수소 원자가 결합하여 헬륨을 생성하는 핵융합 반응으로 에너지를 만들어 낸다. 그러나 시간이 지나면 별 중심의 수소가 고갈되고, 핵융합 반응이 느려지기 시작한다. 이때 별이 생성하는 에너지가 줄어들며, 중력을 이길 힘이 부족해져 별의 중심이 안쪽으로 수축한다.

수축이 일어나면서 별의 중심부는 다시 뜨거워지고, 이 때문에 헬륨 핵들이 서로 융합할 수 있는 조건이 만들어진다. 이 과정에서 새로운 핵융합 반응이 시작되며, 헬륨이 탄소와 산소로 변환된다. 질량이 큰 별은 팽창하며 거대한 크기의 거성이 되고, 외부층이 우주로 방출되면서 행성상 성운을 형성한다.

반면, 질량이 작은 별은 중심부에서 헬륨 융합이 끝나면 더 이상 핵융합을 지속하지 못하고 수축하여 작고 밀도가 높은 왜성이 된다. 이때 왜성은 더 이상 에너지를 생성하지 않으며, 식어 가는 과정만 남게 된다.

적색 거성

거성이 되는 과정에서 헬륨 핵들은 서로 충돌하며 핵융합을 일으키고, 세 개의 헬륨 핵이 합쳐져 탄소를 만든다. 중심부에서 조금 떨어진 곳의 양성자들도 뜨거워져 서로 충돌하며 헬륨을 더 많이 만든다. 이 두 과정 덕분에 별은 주계열성 시기에 비해 훨씬 밝은 빛을 내고, 이 빛이 중력을 이겨 별을 바깥쪽으로 밀어낸다. 결과적으로 별은 부풀어 오르며 붉은 거성이 된다. 질량이 낮은 별은 이 단계에 도달하지 못하고, 질량이 중간인 별은 중력에 다시 지배되어 생을 마감하게 된다.

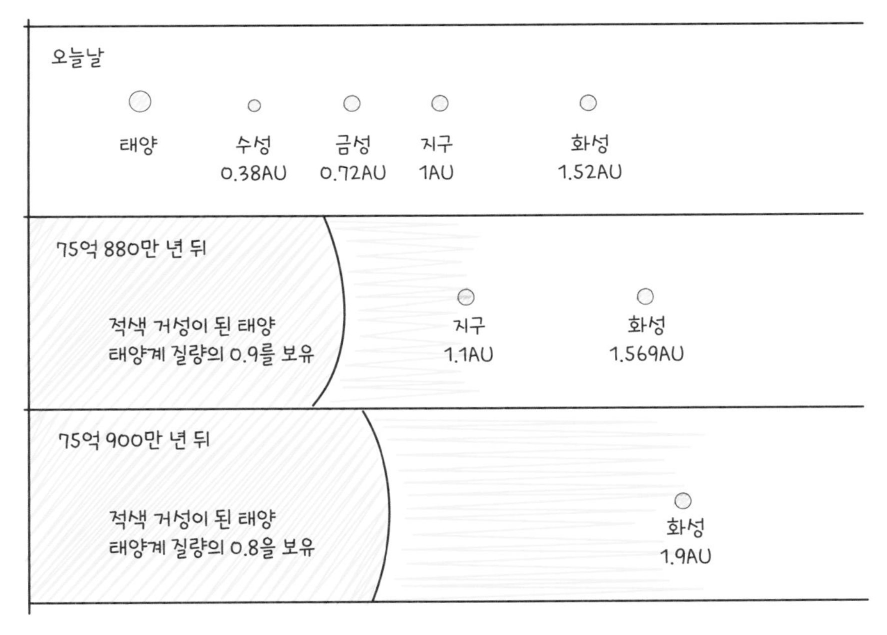

적색 거성

별은 나이가 들수록 점점 커지며 팽창한다. 태양은 약 70억 년 후 적색 거성이 될 예정이고, 더 큰 별들은 적색 초거성으로 변한다. AU는 지구와 태양 사이의 평균 거리를 기준으로 하는 천문단위로, 1AU가 약 1억 5천만 km다.

백색 왜성

별이 죽어 갈 때, 바깥쪽 물질이 안쪽으로 충돌해 중심부를 부수고, 이 물질은 우주로 흩어진다. 남은 중심부는 백색 왜성이라는 뜨겁고 하얀 별이 된다. 백색 왜성은 전자들이 중력에 맞서 밀어내는 힘으로 붕괴를 막는다. 시간이 지나면 백색 왜성은 점차 식어 노란색, 주황색, 붉은색으로 변하고, 결국 검은 왜성이 될 것으로 예측된다. 하지만 검은 왜성은 아직 발견되지 않았으며, 백색 왜성이 식어 가면서 빛을 잃어 검은 왜성이 되는 이 과정은 우주의 나이보다 훨씬 긴 시간이 걸린다.

초거성

가장 큰 질량을 가진 별은 여러 번의 붕괴와 새로운 핵융합을 반복하며 초거성이 된다. 이 별에서는 핵융합이 계속 진행되어 점점 더 무거운 원소들이 만들어진다. 탄소는 산소가 되고, 산소는 네온이 되며, 여러 차례의 핵융합을 거쳐 철-56이 만들어진다. 철-56은 가장 안정적인 핵이어서, 철-56이 다른 원소와 핵융합하려면 에너지가 필요하다. 그래서 별은 더 이상 에너지를 만들지 못하고, 중력을 이겨 낼 힘이 사라지면서 빛을 생성하지 않게 된다.

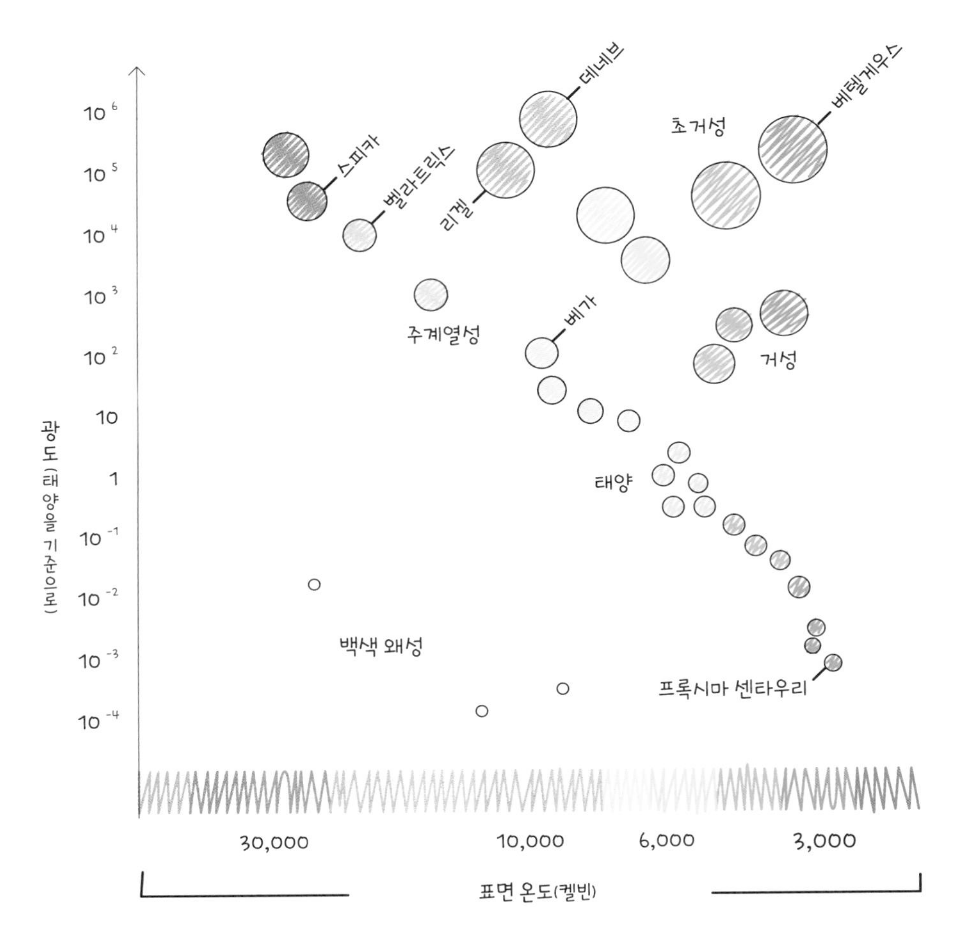

별의 분류

헤르츠스프룽-러셀 도표는 별의 온도와 밝기를 통해 별의 나이와 질량을 측정하는 도구다. 별의 온도는 방출하는 빛의 색으로 알 수 있는데, 붉은색은 차갑고 파란색은 뜨겁다. 주계열성들은 왼쪽 위의 질량이 큰 별에서 오른쪽 아래의 질량이 작은 별까지 위치한다. 거성과 초거성은 오른쪽 위, 백색 왜성은 뜨겁지만 어두운 왼쪽 아래에 자리한다.

초신성

중력은 별의 바깥쪽 물질을 빠르게 중심으로 끌어당긴다. 이 물질이 중심부와 충돌하면서 큰 폭발이 일어난다. 이 폭발로 갑자기 주위의 다른 별들보다 밝아져 마치 새로운 별이 태어난 것처럼 보인다. 이 별이 초신성이다. 초신성 폭발에서 나오는 에너지는 별을 아주 밝게 만들고, 철-56이 더 무거운 원소와 핵융합하여 우라늄 같은 새로운 원소를 만들어 낸다.

중성자별

전자가 견딜 수 있는 무게가 있다. 이 무게를 넘으면 전자가 버티는 힘에 의해 유지되던 핵이 붕괴하고, 양성자가 전자를 붙잡아 중성자로 변한다. 이런 상태를 '전자 포획'이라고 부른다. 중성자들은 매우 단단하게 밀집되어 중성자별을 만든다. 중성자별은 자연에서 가장 밀도가 높은 물질로, 작은 숟가락만큼의 양도 지구 전체만큼 무겁다.

블랙홀

가장 큰 별들은 중성자까지도 더 이상 견딜 수 없는 힘으로 붕괴시킨다. 이 힘 때문에 별의 중심부가 찢어지면서 아주 깊은 구멍이 생긴다. 이 구멍은 너무 깊어서 아무것도, 심지어 빛도 빠져나올 수 없다. 이렇게 된 별을 블랙홀이라고 부른다.

백색 왜성이 중성자별이 될 수도 있고, 중성자별이 블랙홀로 변할 수도 있다. 블랙홀이 되려면 주변의 다른 별에서 물질을 끌어와 질량을 더 많이 모아야 한다. 이렇게 질량이 클수록 블랙홀의 중력이 더욱 강해지고, 빛조차 빠져나올 수 없는 경계인 사건의 지평선이 넓어지면서 블랙홀의 크기도 커지게 된다.

우리의 태양계

태양계는 오래전 우주에 흩어진 먼지와 가스가 모여서 형성되었다. 거대한 별의 폭발로 남은 잔해가 또 다른 초신성의 충격파에 의해 한데 뭉쳐지고 중력으로 밀집되어 결국 태양과 행성들이 탄생하게 된 것이다.

태양

태양은 초신성 폭발로 흩어진 가스와 먼지에서 태어났다. 초신성의 충격파가 가스 구름을 압축해 별이 탄생할 조건을 만들었다. 현재 태양은 주계열성 단계에 있는 노란색 별로, 약 50억 살이다. 앞으로 70억 년 동안 주계열성으로 있을 것이며, 이후 적색 거성으로 변한 후 생애를 마감할 것이다. 태양이 회전할 때 플라스마도 함께 도는데, 이때 강력한 자기장이 만들어진다. 이 자기장은 우주로 뻗어 나가 태양풍을 형성한다. 태양풍은 전하를 띤 입자들이 우주로 흩어지는 현상이다.

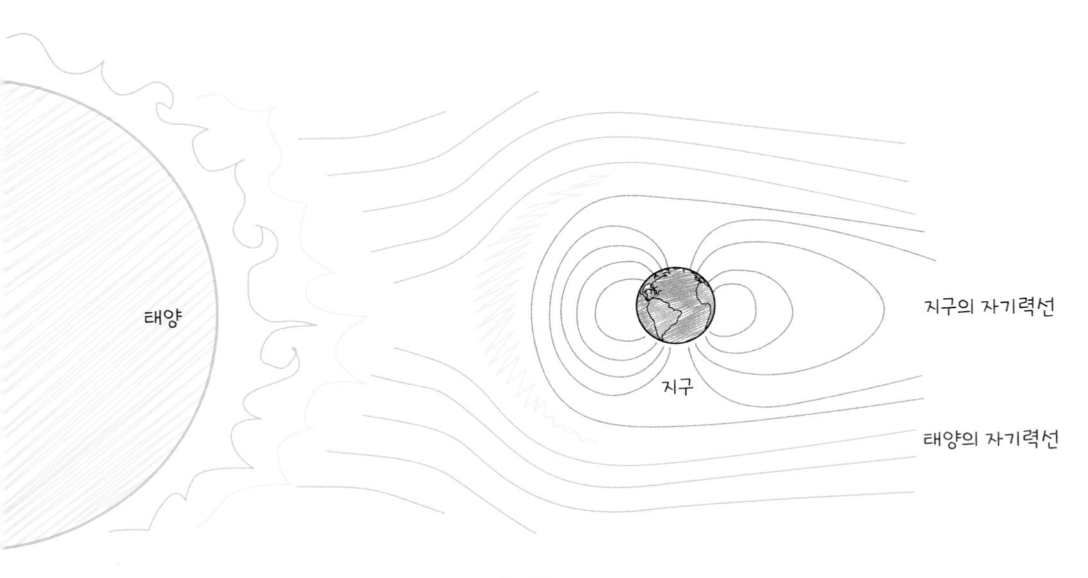

태양풍

태양풍은 태양의 자기력선을 따라 흐르며, 지구의 자기장이 이를 막아 지구를 보호한다.

태양계

태양과 태양의 중력에 의해 붙어 있는 모든 천체를 태양계라고 한다. 태양계의 천체들은 태양을 중심으로 돌고 있으며, 우리 은하의 오리온자리 나선 팔에 자리 잡고 있다.

태양이 처음 태어났을 때 우주 먼지와 얼음으로 된 원반이 태양 주위를 돌았는데, 시간이 지나면서 중력에 의해 덩어리들이 뭉쳤다. 태양 가까이에서는 금속과 암석이, 멀리에서는 기체가 모여 네 개의 암석 행성과 네 개의 기체 행성이 생겨났으며, 그 사이에 많은 부스러기가 남았다.

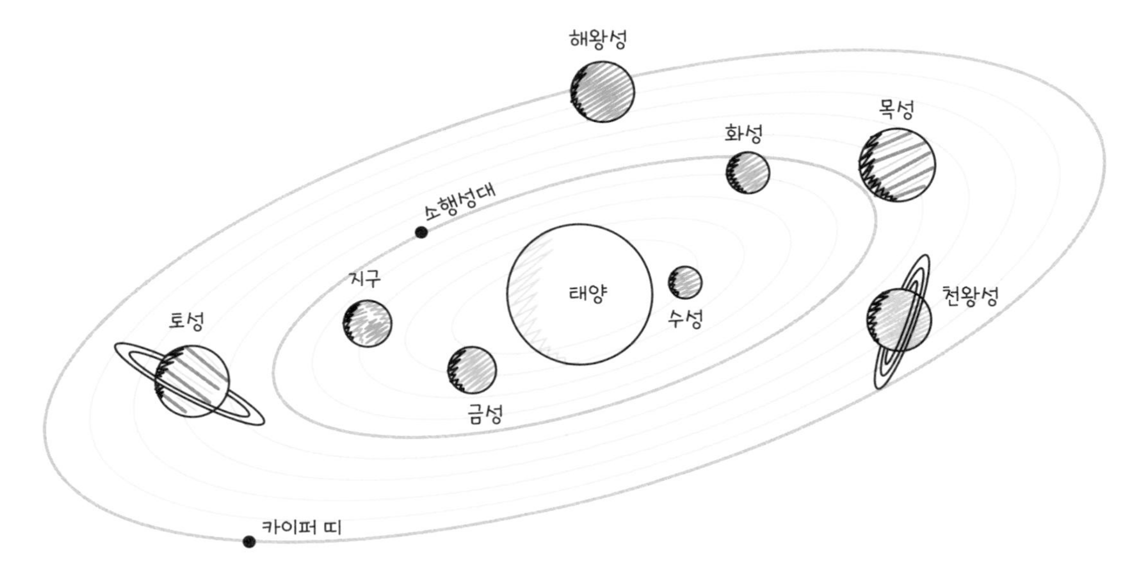

태양계

우리 태양계는 여덟 개의 행성으로 이루어져 있다. 네 개의 암석 행성(내행성)과 네 개의 기체 행성이 있다. 이들 사이에는 소행성대가 있으며, 기체 행성 너머에는 카이퍼 띠가 있다.

행성계 원반

행성계 원반은 태양 가까이에 있는 납작한 원반 모양의 천체 집단이다. 태양이 처음 생길 때, 그 주변을 돌던 우주 먼지와 얼음이 중력에 의해 뭉쳐져 행성을 비롯한 여러 천체가 만들어졌다.

태양 가까운 곳에서는 금속과 암석이 뭉쳐져 행성이 생겼고, 멀리 떨어진 곳에서는 기체가 뭉쳐서 거대한 행성들이 생겼다.

이 과정에서 남은 작은 부스러기들도 태양계의 일부가 되었다.

행성

행성계 원반에서 가장 큰 덩어리들을 행성이라 부른다. 태양에 가까운 네 개의 암석 행성은 수성, 금성, 지구, 화성이다. 태양에서 더 먼 네 개의 기체 행성은 목성, 토성, 천왕성, 해왕성이다. '행성'이라는 이름은 그리스어 'planan'에서 유래했으며, 이는 '떠돌다'라는 뜻이다. 고대인들에게는 행성이 밤하늘에서 떠돌아다니는 것처럼 보였기 때문이다.

소행성대

암석 행성과 기체 행성 사이에는 소행성대가 있다. 소행성대는 행성이 되지 못한 암석과 금속의 부스러기로 가득하다. 해왕성 너머에는 카이퍼 띠가 있으며, 여기에는 얼음과 기체의 부스러기가 모여 있다. 카이퍼 띠에는 왜소 행성 명왕성이 있고, 소행성대에는 왜소 행성 세레스가 있다.

케플러 법칙

첫 번째 법칙은 행성이 태양 주위를 완벽한 원이 아닌 타원 궤도로 돈다는 것이다. 이때 태양은 타원의 한 초점에 위치한다. 두 번째 법칙은 태양과 행성을 잇는 가상의 선이 같은 시간

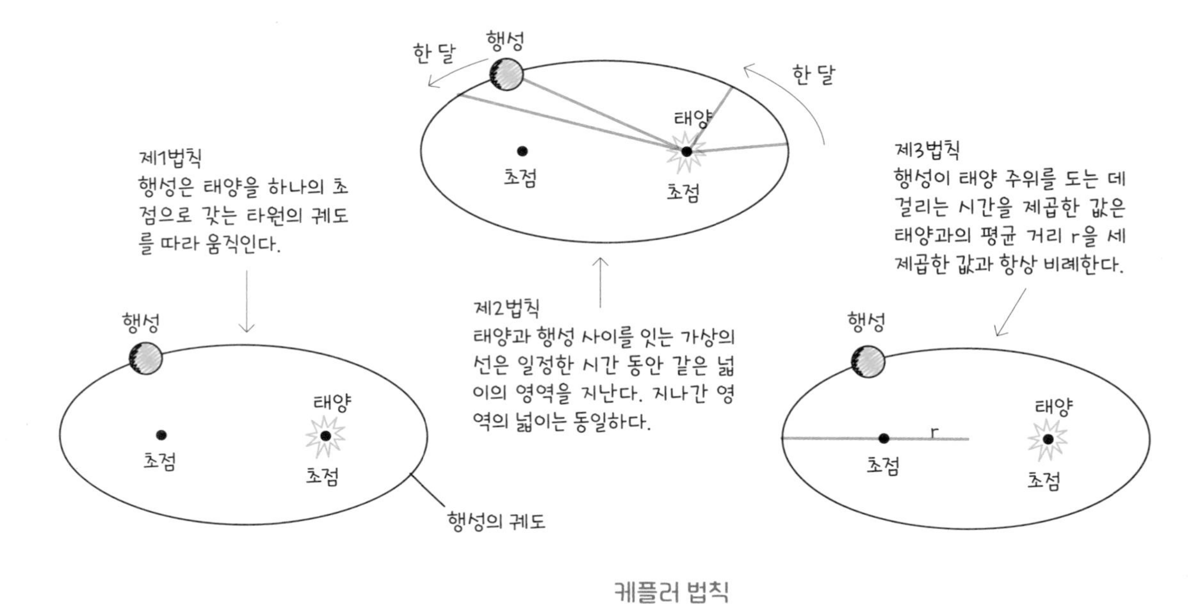

케플러 법칙

정확한 관측 자료에 기반하여 케플러는 행성이 태양을 도는 세 가지 법칙을 발견했다. 첫째, 행성은 타원형 궤도를 따른다. 둘째, 행성은 동일한 시간 동안 동일한 넓이의 영역을 지난다. 셋째, 행성이 태양을 도는 시간과 태양과의 평균 거리는 수학적 관계를 가진다.

동안 같은 넓이를 지나간다는 것이다. 즉, 행성이 태양에 가까울 때는 더 빠르게 움직이고, 멀어질 때는 더 느리게 움직인다. 이를 통해 행성은 태양에 가까운 구간에서는 넓은 거리를 빠르게 이동하고, 멀리 있을 때는 짧은 거리를 천천히 이동하여 같은 시간 동안 같은 넓이를 지나게 된다. 세 번째 법칙은 행성이 궤도를 한 바퀴 도는 데 걸리는 시간과 태양과의 평균 거리 사이에 일정한 수학적 관계가 있다는 것이다. 구체적으로, 궤도

반경의 세제곱은 궤도를 도는 시간의 제곱에 비례한다.

지구

지구에서 복잡한 생명이 진화할 수 있었던 이유는 지구의 위치와 구성 덕분이다. 지구는 주로 철과 니켈로 이루어져 있으며, 표면은 이산화 규소로 이루어진 암석으로 덮여 있다. 지구

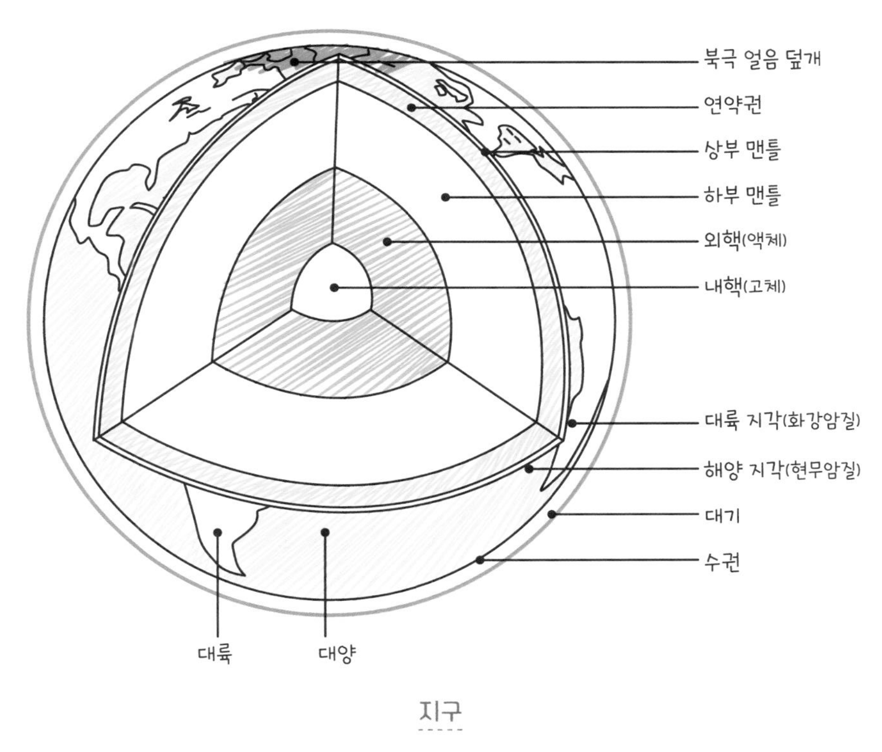

지구

지구는 태양계에서 금속과 암석으로 구성된 전형적인 내행성이다. 용해된 금속은 행성의 중심으로 가라앉고, 가벼운 암석이 위로 떠올라 식으면서 단단한 맨틀이 되었다.

가 액체 상태였을 때, 무거운 금속이 아래로 가라앉고 남은 암석이 식으면서 굳어져 지각을 형성했다.

내부에는 여전히 액체 상태로 남은 금속으로 이루어진 외핵이 대류 전류를 생성하고, 강한 자기장을 형성한다. 이 자기장은 태양풍으로부터 지구를 보호해 대기를 안정적으로 유지했고, 그 결과 복잡한 생명체가 진화할 수 있었다.

달

달은 태양계에서 가장 큰 위성 중 하나로, 지구 지름의 약 4분의 1 크기다. 하지만 질량은 지구의 1.2%밖에 되지 않으며, 주로 가벼운 암석으로 이루어져 있다. 달은 인류가 처음으로 탐사한 천체로, 1960년대와 1970년대의 아폴로 계획 덕분에 가능했다. 당시 우주 비행사들은 달 표면에 반사경을 설치했으

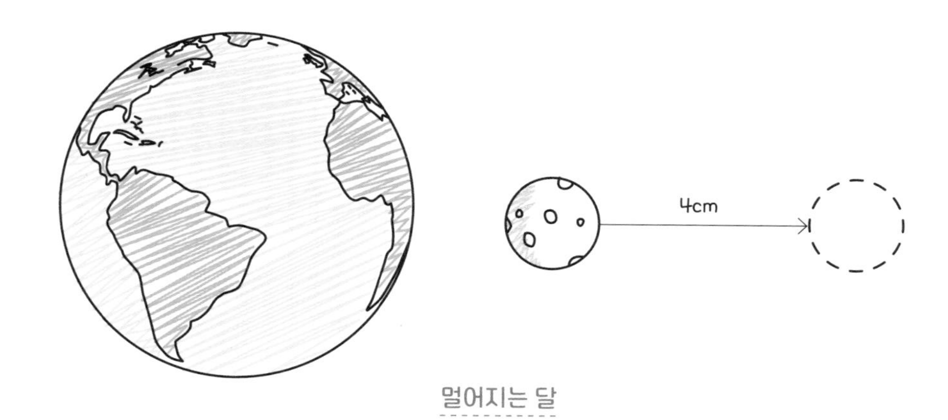

멀어지는 달

달은 수십억 년 전에 생겨난 이후로 지구에서 점점 멀어지고 있다.

며, 이를 통해 지구에서 레이저를 쏘아 달까지의 거리를 정확히 측정했다.

이 측정을 통해 과학자들은 달이 매년 약 4cm씩 지구에서 멀어지고 있다는 사실을 발견했다. 이는 달이 지구의 중력에 의해 완전히 고정된 것이 아니라 서서히 멀어지고 있다는 의미다.

위성

달은 약 45억 년 전, 지구에 큰 암석과 금속의 덩어리가 충돌하여 형성되었다. 이 충돌로 지구의 암석 조각들이 우주로 튕겨 나갔고, 이 조각들이 식으면서 달이 만들어졌다. 충돌로 달의 궤도는 약 5° 기울어졌고, 지구의 회전축도 약 23° 비틀어져 계절이 생겼다. 달의 중력은 지구의 바다에 밀물과 썰물 현상을 일으킨다.

태양계의 다른 위성들은 저마다 모행성에 비해 작고, 대부분 행성의 중력에 의해 붙잡힌 부스러기들로 만들어졌다. 중력이 강한 행성일수록 더 많은 위성을 붙잡을 수 있으며, 위성이 한번 궤도에 들어서면 쉽게 이탈하지 않는다.

위성들

이 그림은 행성의 위성 크기를 비교하며, 거대 기체 행성의 일부 위성만 표시했다. 행성과 위성, 다른 행성 간의 크기 비율은 정확하지 않다.

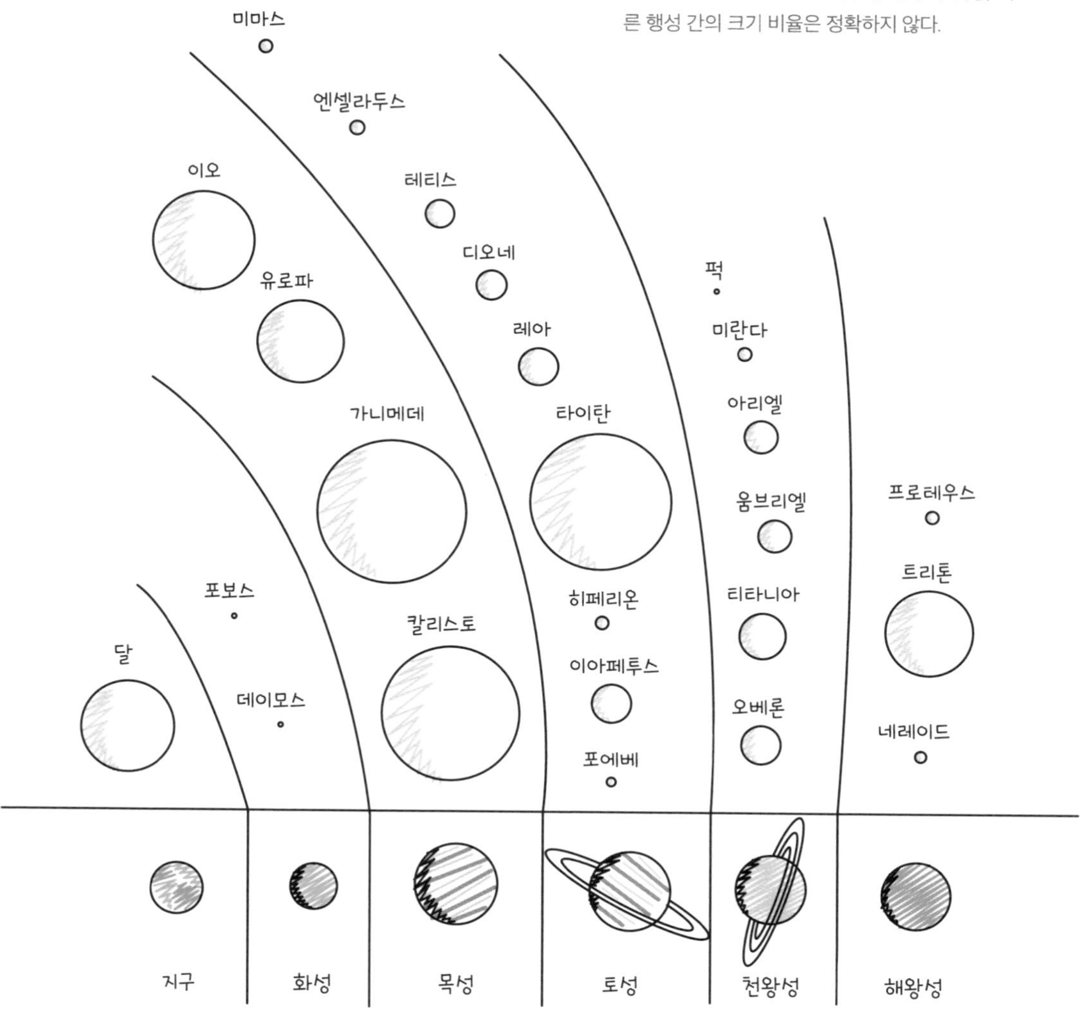

혜성

카이퍼 띠의 얼음덩어리가 태양계 안쪽으로 튕겨 나오면 혜성이 된다. 혜성은 태양을 중심으로 큰 타원형 궤도를 그리며, 태양 가까이 다가왔다가 다시 해왕성 너머로 돌아간다. 대부분의 혜성은 지름이 약 50km 정도로, 암석, 먼지, 이산화 탄소 얼음, 물 얼음으로 이루어져 있다.

혜성이 태양에 가까워지면 얼음이 기체로 변하고, 이 기체가 혜성의 꼬리를 형성한다. 꼬리는 태양풍 때문에 태양과 항상 반대 방향을 향하게 된다. 태양풍은 항상 태양에서 멀어지는 방향으로 불기 때문이다.

유성

소행성이나 혜성이 행성과 충돌하면 조각들이 대기권으로 들어와 유성이 된다. 대기와의 마찰로 열이 발생하고, 유성은 대부분 타거나 기화된다. 그러나 금속이 포함된 유성은 높은 온도에서도 살아남아 지표면까지 도달할 수 있다. 이때 유성은 밝은 불꽃처럼 보인다.

첫판 1쇄 펴낸날 2025년 1월 6일

지은이 벤 스틸 **옮긴이** 지여울
발행인 조한나
주니어 본부장 박창희
편집 박진홍 정예림 강민영
디자인 전윤정 김혜은
마케팅 김인진 김은희
회계 양여진 김주연

펴낸곳 (주)도서출판 푸른숲
출판등록 2003년 12월 17일 제2003-000032호
주소 경기도 파주시 심학산로 10, 우편번호 10881
전화 031) 955-9010 **팩스** 031) 955-9009
인스타그램 @psoopjr **이메일** psoopjr@prunsoop.co.kr
홈페이지 www.prunsoop.co.kr

ISBN 979-11-7254-538-3 44420
978-89-7184-390-1 (세트)